本书的出版得到了山西省艺术科学规划课题基金项目（No:2018A33）、忻州师范学院教学改革创新基金项目（No:JG201719）和忻州市科技计划项目（No: 20190402-2）的资助

语音情感识别中的若干技术研究

胡国华　著

中国商业出版社

图书在版编目（CIP）数据

语音情感识别中的若干技术研究 / 胡国华著 . -- 北
京 : 中国商业出版社 , 2020.12
ISBN 978-7-5208-1453-9

Ⅰ . ①语… Ⅱ . ①胡… Ⅲ . ①情感 – 语音识别 – 研究
Ⅳ . ① B842.6 ② TN912.34

中国版本图书馆 CIP 数据核字 (2020) 第 247500 号

责任编辑：陈 皓 常 松

中国商业出版社出版发行
010–63180647 www.c–cbook.com
（100053 北京广安门内报国寺 1 号）
新华书店经销
定州启航印刷有限公司印刷
*
710 毫米 ×1000 毫米 16 开 8.25 印张 150 千字
2020 年 12 月第 1 版 2020 年 12 月第 1 次印刷
定价：45.00 元
* * * *
（如有印装质量问题可更换）

前言

PREFACE

20 世纪末期，情感作为认知过程的重要组成部分得到了学术界的普遍认同，关于情感本身及情感与其他认知过程间相互作用的研究成为当代认知科学的研究热点，情感计算（Affective Computing）也成为一个新兴研究领域。情感计算是一个高度综合化的研究和技术领域，通过计算科学与心理科学、认知科学的结合，研究人与人交互、人与计算机交互过程中的情感特点，设计具有情感反馈的人与计算机的交互环境，从而实现人与计算机的自然情感交互。情感计算的研究不断推动计算机对人的情感状态和情感机制的模拟发展，并提高计算机在感知情感的基础上做出符合人类自然情感反应的能力。

在人类的交互过程中，语言是最直接的交流方式，语言不仅可以反映说话人表达的文本信息，而且包含丰富的情感信息，因此，多年来有效、准确地识别语音情感是情感计算的主要研究方向之一，其主要任务是从采集到的语音信号中提取可以表征情感的特征参数，并找出这些特征参数与人类情感的映射关系。语音情感识别的研究距今已有 40 多年的历史，取得了一些令人瞩目的成绩，但也面临着诸多问题的考验与挑战，因此具有很大的研究价值和应用价值。

本书以语音情感为研究对象，以提高语音情感识别率为研究目标，针对在移动应用中语音的噪声干扰问题、语音情感特征的相互干扰和冗余性问题、跨语种语音情感特征与情感识别网络的局限性问题，分别提出将语音降噪与特征降维相结合、情感特征降维优化、跨语种多模型融合框架等方法来提高计算机对语音情感的识别性能。

全书共分 7 章，第 1 章是绪论，介绍了语音情感识别的研究现状和本书的研究内容、组织结构；第 2 章介绍了语音情感识别涉及的基本理论；第 3 章介绍了语音情感识别中用到的深度学习的相关知识；第 4 章探讨了基于 Chebyshev-PCA 优化的移动应用语音情感识别；第 5 章研究了基于 PCA-GRA 分析法的情感特征优化；第 6 章对基于多输入的跨语种语音情感识别的多模型融合框架进行了研究；第 7 章对本书的研究工作进行了总结和展望。

值本书出版之际，笔者要特别感谢忻州师范学院计算机系的领导和老师们在学术和工作方面给予的无私帮助，在他们的支持、鼓励下，笔者顺利地完成了本书的撰写工作，在这里谨向他们表示诚挚的谢意！

本书的出版得到了山西省艺术科学规划课题基金项目（No:2018A33）、忻州师范学院教学改革创新基金项目（No:JG201719）和忻州市科技计划项目（No: 20190402-2）的资助，在此一并表示感谢！

本书有一部分内容反映了语音情感识别的最新研究成果、研究方向和研究动向，在理论体系和方法上均有创新。本书可作为计算机科学与技术、信息科学、工程技术等专业高年级本科生和研究生的教材，对相关领域的研究人员和工程技术人员也有重要的参考和使用价值。

由于笔者的学识水平有限，书中疏漏之处在所难免，恳请专家、同行批评指正，并提出宝贵意见。

胡国华

2020 年 10 月

目录
CONTENTS

第 1 章　绪论

1.1　研究背景与意义

1.1.1　研究背景

情感是有关个人感受和预期反馈信息的载体。尽管现在计算机已经成为人类生产生活的重要媒介，但人与机器之间的关系并不自然。因此，利用计算机对用户情感状态进行感知和了解是为了使机器能够更好地适应人类，并改善它与人类之间的合作关系。

情感计算的概念是在 1997 年由 MIT 媒体实验室 Picard 教授提出的，她指出情感计算是与情感相关、来源于情感或能够对情感施加影响的计算。中国科学家通过自己的研究，提出了对情感计算的定义："情感计算的目的是通过赋予计算机识别、理解、表达和适应人的情感的能力来建立和谐人机环境，并使计算机具有更高的、全面的智能。"情感计算横跨了计算机科学、心理学、认知科学和神经学等多个学科领域，它的研究动机是为了模拟人类的同理心，即让计算机感知人类的情感状态，并适应人类的行为，最后对这些情感做出恰当的回应。情感计算主要的研究内容有情感感知机理的相关研究、情感信号的采集、情感信号的划分、建模与识别、情感理解、情感表达以及情感生成等方面，目前主要是根据生理模型、面部表情、语音这三个方面展开的研究工作。

人工智能领域的迅猛发展，对人机交互技术提出了更新、更高的要求，虽然计算机在一定程度上已经能实现基本的人机对话交流，但是计算机在对情感的理解和表达方面还有所欠缺。为了使计算机在人性化、智能化方面表现得更为出色，人机交互过程中的情感信息研究得到诸多研究者的重视。而在情感信息研究中，语音作为最直接的情感表达方式，在人机交互过程中发挥着不可或缺的重要作用，因此语音情感研究自然是研究者的重要课题之一，语音情感识别技术也成为情感计算的一个重要研究方向。

语音情感识别就是使计算机能够效仿人脑情感的感知机理和理解过程，实现对语音情感信息的采集和处理，进而判断情感的类别。目前，语音情感的研究主要集中在对语音情感的识别方面：情感语音数据库的采集，从时域、频域、语谱图等角度提取可以表征语音情感的情感参数，对提取的情感特征进行降维重构优化，改进机器识别网络从而适应语音的情感识别过程。

1.1.2 研究意义

现有的研究表明：不同的语音能够刺激诱发人类不同的情感。例如，节奏欢快、活泼的音乐可以使人产生愉悦、兴奋等积极情绪，而凄凉、低沉的音乐会使人产生悲伤、低落等消极情绪。在智能化应用中，为提高计算机对人类情感的正向引导作用，增强计算机的情感模拟能力，必须从分析处理语音信号、提取语音情感特征参数、构建情感识别模型等多方面进行研究。目前情感识别领域已经有一定的研究成果，并拓宽了情感识别技术在现实生活和工业生产中的应用前景。比如，在服务行业，计算机用于远程自动电话服务时，可通过对客户语音中的情感成分判断其对服务是否满意，也可挑选需要加急办理业务的客户，为其优先服务；在教育领域，计算机应用于远程教学或者婴幼儿教育，通过监控学生语言中表达出的情感，协助教师有针对性地做出相应的反馈调整，帮助教学质量进一步提升；在医疗健康领域，对于抑郁症、焦虑症等一些心理疾病，医生可以通过实时跟踪患者话语中表达的情感状态，及时发现病症并采取应对措施；在汽车语音交互监测领域，智能化的汽车语音交互系统能为车主出行提供更加便捷的服务，同时可以通过对驾驶员语音情感状态的识别来监测该驾驶员的情绪是否稳定，是否有疲劳驾驶现象，从而做出语音提醒等反应保护其人身财产安全；在处理刑事案件方面，通过对犯罪嫌疑人语音中传达的情感状态进行分析，从而判断嫌疑人是否说谎，对警察的断案起到辅助作用。

目前，作为情感计算的重要分支之一，语音情感识别技术的发展较为成熟，与该技术相关的研究层出不穷，如识别网络的改进、语音情感特征优化等方面的研究成果已应用于不同领域，具有很高的实用价值和意义。但随着人类对人机交互过程中真实性、自然性要求的提高，情感识别技术也面临很大的挑战。因此，继续对语音情感识别进行研究，提高计算机感知人类情感、精准识别语音情感的能力，有着重要的理论和实践意义。

1.2　国内外研究现状

语音信号识别主要通过对情感信息的模拟实现对情感的有效分类，在语音情感识别领域，国内外研究学者从多个不同的角度展开了研究，并取得了一定的成果。

1.2.1　国外研究现状

在国外，语音情感识别的研究起步较早。20 世纪 70 年代，随着计算机计算能力的提高，语音情感识别领域有了新发展，人们开始探索不同情感状态下的语音变化。1972 年，Williams 提出在不同的情感状态下，语音信号中的基音频率会有差别。20 世纪 80 年代中期，Bezooijen 和 Scherer 等是开创声学特征可以区分情感状态的先导。同一时期，随着 MIT 的 Minsky“让计算机具有情感能力”的理念的提出使越来越多的学术科研机构开始把目光投入语音情感识别领域。1990 年，MIT 多媒体实验室设计研制出了可以根据多通道情感信号实现简单情感正确判断的“情感编辑器”。1996 年，Dellaert 等录制了包括愤怒、恐惧、高兴、悲伤和中性五种语音情感的数据库，然后提取每条语音的基频参数，选择最大似然贝叶斯分类器、核回归法和 K- 近邻法（K-nearest neighbor，K-NN）三个分类器，对五种语音情感进行识别比较。

1997 年，Picard 教授首次提出并定义了“情感计算”这一概念之后，美国、英国和日本等诸多国家都建立起了情感识别研究的课题和研究室。例如，美国 MIT 的情感计算实验室；日本东京 Seikei 大学的情感研究小组；微软亚洲研究院的语音情感实验室等。1999 年，Moriyama 基于语音信号和情感之间存在的关联性问题建立了线性关联模型，并将此模型嵌入电子商务系统中搭建了可用于情感识别的图像采集系统，实现了语音情感识别在电子商务系统中的应用。1999 年，美国 MIT 情感计算小组分析了不同情感状态下，基频、时长等声学参数的变化，结果表明高兴、惊讶、愤怒等语音情感的声学特征类似，悲伤的声学特征较为明显。此外，他们还总结分析了语调、响度、强度等韵律特征对语音情感识别结果的影响。2000 年，语音情感数据标注工具——FEELTRACE 情感标注系统由 R. Cowie 等开发，该系统的开发对于情感标注工作有一定的理论指导价值，具有里程碑式的意义。2000 年，ISCA Workshop on Speech and Emotion 国际会议第一次将潜心研究语音与情感计算的专业学者聚集在爱尔兰。随后一些与语音情感计算相关的期刊和会议也相继被创立，其中较典型的有 INTERSPEECH Emotion Challenge 竞赛、International Audio/Visual Emotion Challenge and Workshop（AVEC）竞赛和 Affective Computing and Intelligent Interaction（ACII）、INTERSPEECH、IEEE Transactions on Affective Computing、Advanced Science Letters、Journal of Computational & Theoretical Nanoscience 等。此外，致力于语音情感识别的学术与科研机构也相继涌现，其中较为著名的有英国 Queen’s University Belfast 语音情感组、美国 MIT 媒体研究实验室、美国 USC 语音情感组、德国 Technische Universität München 人机语音交互组等。

近年来，国外语音情感识别的研究主要包括语音情感数据库、语音情感特征参数和语音情感识别模型三个方面，下面将从这三个方面对语音情感识别的研究现状进行描述。

1. 语音情感数据库

语音情感数据库是语音情感识别研究的重要前提。目前，用在语音情感识别的数据库样式繁多，按照建库方法来分，数据库可分为表演情感方式、启发方式、诱导方式和截取（摘引）方式；按照划分情感类别的方式来分，则可分为离散型和维度型，两者的区别主要是情感标注的方式不同，前者是以离散情感标签作为情感标注方式，而后者是以实数的坐标值作为情感的标注方式。从语言类型来说，现存的语音库包括德语、汉语、英语、意大利语等多种语言。现有的语音情感数据库的具体介绍见后续相关章节。虽然数据库种类很多，但是标准不一，接近日常自然情感的数量较少。

2. 语音情感特征参数

语音情感特征是实现语音情感识别的基础，语音情感特征参数是根据某些算法从语音信号中提取出能够反映情感的特征参数，不同的情感特征反映了不同的语音信息和内容。近些年也有一些新的特征被提出应用于语音情感识别，使用其中的一种或一类特征进行情感识别，或者把几种或几类特征进行融合，然后进行情感识别。

例如，Ooi[1] 使用音调、对数能量、过零率（Zero-crossing rate，ZCR）、Teager 能量算子（Teager Energy Operator，TEO）和梅尔频率倒谱系数（Mel-Frequency Cepstral Coefficiens，MFCC）特征的组合来识别六种基本情感（高兴、愤怒、厌恶、悲伤、惊奇和恐惧），在 eNTERFACE’05 和 RML 数据库上分别取得了 75.89％和 65.87％的识别率。Mencattini[2] 提取的特征参数除了 TEO、能量、基频、过零率、带宽、共振峰、振幅等基本特征以及其统计特征参数（平均值、标准偏差、偏度、峰度、能量和熵），还提出了一种与振幅相关的调制特征参数，并利用意大利语的情感语料库 EMOVO 以及 VA 情感维度模型构建了男性和女性两个回归模型，取得了较好的回归结果，其中男性的平均回归系数为 0.81，女性的为 0.72。Tao[3] 提出了一种基于局部归一化中心矩的新谱特征，采用第二阶归一化中心矩去归一化处理对数能量谱的局部能量分布得到新的谱特征，利用德语语音情感库 EMO-DB 对新的特征进行验证，得到 74.46% 的平均识别率，优于其他谱特征的识别结果。Sun[4] 等同样提取了一种新的谱特征：基于归一化 Hu 中心矩的加权谱特征，这个想法来源于频谱图上的能量会随着某些情绪类型（如愤怒和高兴）急剧变化，而随着其他情绪类型（如悲伤和恐惧）会略有变化，这种现象将影响频谱图的时间轴和频率轴的频谱图的局部能量分布，为了描述频谱图的局部能量分布，使用 Hu 中心矩计算频谱图的局部区域，并在德语情感语料库上验证了所提出特征的有效性。慕尼黑工业大学 Eyben 等构建了针对语音情感特征参数提取的开放式工具包 openSMILE，该工具包可以自动批量提取常用的语音特征参数，如基频、语速、共振峰等。[5]Petrushin V A 开发了一个智能计算机软件，用来研究识别语音中不同的情感状态，实验提取的特征包括基频、前两个共振峰、能量、语速的统计参数，比较不同模式分类器的识别性能，发现神经网络得到的识别率最高，能够达到 70%。[6]

3. 语音情感识别模型

语音情感识别实质上就是一个模式识别的问题，因此寻找一个合适的识别模型是语音情感识别研究领域的一个重要课题。目前，大多数的模式识别和分类的模型已被用于语音情感识别中，当然近几年也有一些新型的语音情感识别模型被提出。

例如，Lanjewar[7] 使用 K 近邻网络和高斯混合模型（Gaussian Mixture Model，GMM）对 EMO-DB 数据库中的 7 类情感进行了识别研究，实验使用了 MFCC、音调和小波系数等特征，两个网络分别达到 51.67 % 和 66 % 的平均识别率。Huang[8] 将深度信念网络（Deep Belief Network，DBN）和支持向量机（Support Vector Machine，SVM）结合，利用传统的特征，如幅度和基音频率来识别 4 类基本情感（悲伤、愤怒、惊奇和高兴），得到的最高识别率为 86.5 %。Oh-Wook Kwon 等利用 SVM 和隐马尔可夫模型（Hidden Markor Model，HMM）进行语音情感识别，发现能量和基频等参数对 4 类情绪的识别率达到 70.1%。Motamed[9] 基于哺乳动物脑边缘系统提出了一种脑情感学习优化模型，它融合了自适应神经模糊推理系统（Adaptive Neuro-Fuzzylnfereuce System，ANFIS）和多层感知器（Multi-layer Perceptron neural networks，MLP），该模型有四个主要部分，包括丘脑、感觉皮层、眶额叶皮层和杏仁核，利用 ANFIS 开发了杏仁核和眶额叶皮层系统的模型并制定了规则，将 ANFIS 输出提供给 MLP 网络对语音信号的速率进行分类，实验结果表明，该模型具有强大的情感识别能力。Sun[10] 提出了一种用于语音情感识别的综合 Softmax 回归模型，它是利用不同特征具有不同的提取原理方法为基分类器分配子空间，从而可以确保基分类器的多样性，并利用数据全局结构特征选择方法去减小子空间的维度，实验验证了所提出方法的有效性和优越性。Grimm 和 Kroschel 首次提出将三维情感描述模型（Activation-Evaluation-PowerSpace）应用于自发的语音情感识别研究，并提出将维度语音情感建模问题转换为标准的回归预测问题，Grimm

和 Kroschel 的研究将越来越多的研究者吸引到对维度语音情感识别的研究中，推动了维度语音情感识别领域的发展。

1.2.2 国内研究现状

在国内，情感识别的研究起步于 21 世纪初，到如今有 10 余年的发展历史。东南大学最先开始这方面的研究，随后中科院、清华大学、浙江大学、哈尔滨工业大学、华南理工大学、中国科学技术大学等大学和相关机构也都从建立数据库、提取特征、改进分类器等方面进行了研究。

由于中文语音和国外语音在语种、文化等方面存在差异，因此，中文语音的情感识别研究不可以全部依照国外语音情感识别的方法开展。随着对这一领域关注的研究学者与科研机构的与日俱增，取得的丰硕研究成果有：东南大学赵力所在的无线电团队针对训练数据与测试数据的数据库来源不同对识别结果造成的干扰，提出了基于稀疏特征迁移的方法，有效地提高了特征参数的鲁棒性；为研究情感与语谱图之间的关系，提取了面向语音情感识别的新特征：改进可辨别完全局部二值模式特征（IDisCLBP_SER），并证明了该特征相较于声学频谱特征的优势[11]；进一步提取了一种新的语谱图特征，新特征的加入相较于传统特征的识别率有 10% 的提升。中科院陶建华博士领导的模式识别国家重点实验室利用神经网络构造汉语普通话语音情感识别模型，取得了很大的进步。哈尔滨工业大学韩文静与李海峰等针对语音时长的不同会对情感信息造成偏差的问题，构建了 Elman 神经网络来对全局统计特征和时序特征进行融合，融合之后的识别结果相比于单独使用各类特征的识别率分别提高了 5.9% 和 7.1%[12]；并就语音情感识别的研究动态进行了综述性研究[13]；针对在人机交互时需要快速精准解析情感的问题，利用卷积神经网络对特征进行二次优化与降维，有效地改善了分类器的收敛速度。清华大学蔡莲红针对“中性”情感表达信息上的缺陷，利用支持向量回归方法对传统韵律特征建立了预测模型，为对情感的韵律特征进行更准确的预测提出了一种层次化的建模方法，并验证了该方法相较于使用传统韵律特征能有效地提高预测精度。哈尔滨工业大学的韩文静针对语音情感识别研究中存在的关键问题展开了研究探讨，并且在传统离散情感描述模型的基础上，进一步研究了基于维度情感描述模型的情感识别，构建了我国首个基于维度情感模型的汉语普通话真实语音情感库（Mandarin Real-life Emotional Corpus，MREC）。北京航空航天大学的毛峡等针对现有的数据库情感标注信息不完善的问题，制定了情感标注准则，建立了包含语音情感信号和脑电信号的汉语双模语音情感数据库。

综上所述，语音情感识别的研究虽取得了一些成果，但是由于人类情感的复杂性和多变性，同时涉及多个学科的交叉，现如今仍有许多问题有待研究和解决。

1.2.3 语音情感识别研究面临的问题

近年来，虽然国内外对语音情感识别的研究逐渐重视，并且获得了很多重要的进展，但是研究者们所采用的语音情感数据库、情感类型、情感特征以及识别网络差距较大，且无统一的标准，因此得到的实验结果不尽相同，各类方法之间不存在可比性。语音情感识别的研究还存在着大量的理论以及相关技术问题。

1. 语音情感识别研究中缺乏对自然环境带噪语音的研究

在语音情感识别中，研究者大多使用录制的无噪声数据库作为研究对象，与在自然环境中语音会受到不同噪声干扰的实际情况不相符，导致诸多研究成果不能直接应用于实践，只停留在理想化的理论研究层面。

2. 特征参数在不同数据库中对情感的表征能力不同

情感特征的优劣对情感识别效果起着至关重要的作用。近年来，大部分研究者尝试采用单一特征或者特征组合变换进行语音情感识别，但特征类型间的组合种类较多，而且同一种特征组合对于不同数据库的情感识别效果也有差异，因此需要进一步研究情感特征，旨在所提取的特征在保证识别率的情况下，可以适用于不同数据库。

3. 单一情感识别算法对不同数据库语音情感的识别效果不同

不同算法对同一数据库的情感识别效果不同，同时同一算法对不同数据库的情感识别效果也不同，导致情感识别算法的优越性不具有可比性。因此通过融合情感识别算法可以达到集合优点、补足缺点的目的，同时对增强识别性能的鲁棒性具有重要的意义，需要更深层次地探讨高效、稳定、自适应强的语音情感融合识别算法。

1.3 本书主要工作

语音情感识别的研究是“情感计算”研究领域的重要分支之一，综合以上分析，当前有关该问题的研究已经取得了相当可观成熟的研究成果，但仍存在许多方面的缺陷。针对以上不足，本书以提高语音情感识别率为出发点，首先对带噪语音进行降噪降维处理，实现对模拟带噪语音情感的有效识别作用；其次对情感特征进行降维优化，提取得到更具情感表征性的情感特征集；最后，将情感识别算法进行融合，并在多语种数据库中进行训练，在达到情感识别要求的基础上，还实现了对小语料上的迁移识别。研究内容详述如下。

第一，以自然语音的带噪特性为依据，对情感语音进行加噪处理，并对带噪语音从语音降噪和特征降维两方面进行融合，从而实现对带噪语音的情感识别。首先选取柏林语音库和 CASIA 语料库中的 3 种共有情感（悲伤、高兴、中性）进行加噪处理并提取带噪语音的情感特征；其次采用切比雪夫滤波器对带噪信号进行滤波，并利用 PCA 抽取降噪后语音情感的情感特征；最后为分析经 Chebyshev-PCA 处理后的语音特征对情感的识别效果，将其分别与经 Chebyshev 滤波器去噪和 PCA 抽取带噪信号特征后的情感特征的情感识别效果对比。实验结果表明，Chebyshev-PCA 处理得到的情感特征可以得到更精确表征情感的信息。

第二，从多维情感特征存在的特征冗余性、特征干扰性和特征对情感的表征能力出发，对多维特征集进行降维优化，得到情感表征能力强、维数较少的情感特征集。首先实验样本选用柏林语音库和 CASIA 语料库中的 4 种情感（悲伤、生气、高兴和中性）语音，并提取情感特征（韵律特征、共振峰特征和 MFCC 特征）；其次采用 PCA 提取特征的主成分降低特征间的干扰性，然后利用 GRA 从主成分中选择与情感类型相关性强的情感特征；最后设计对比实验并采用支持向量机识别语音情感。实验结果表明，PCA-GRA 降维方法可以在降低特征相关性的同时得到冗余度小的特征集，从而提高对语音情感的识别效果。

第三，通过对时域属性特征、频域属性特征以及情感识别网络在跨语种情感识别的局限性研究，提出一种基于多输入的跨语种语音情感识别的多模型融合框架。首先选用汉语、英语、乌尔都语和德语四种语料库中共有的高兴、悲伤、中性和生气作为实验样本；其次将多语种语音情感信号的声学特征、MFCC 谱图特征和语谱图特征作为多模型融合框架的输入，再由 SVM、MobileNet26 和 ResNet38 组成多输入对应的多模型融合的基础框架，并对 MobileNet26 和 ResNet38 模型卷积操作后的 feature map 进行全局最大池化和全局平均池化，从而抓取不同特征，将模型的多样性加倍，最终形成五个模型融合的框架；最后设计实验方案验证基于多输入的多模型融合框架在跨语种语音情感识别上的有效性。实验结果表明，相比于传统的声学特征和单一特点的网络模型，基于多输入的多模型融合框架不仅可以有效区分多语种的情感差异，也能够通过对大语种的学习实现在小语种语音情感识别上的迁移学习。

1.4　本书内容组织结构

本书共分为 7 章，结构安排如下。

第 1 章是绪论。本章从总体上介绍了课题的研究背景及意义，阐述了语音情感识别研究的需求，然后对语音情感识别领域的国内外研究现状进行了分析总结，最后介绍了本书的主要工作和内容组织结构。

第 2 章是语音情感识别的基本理论。本章主要从语音情感识别的多个流程进行了介绍，分别是语音的产生、情感描述模型、语音情感数据库、语音情感识别系统组成、语音信号的预处理、语音情感特征提取、特征降维方法、语音情感识别网络等方面。

第 3 章是深度学习相关知识。本章介绍了深度学习的发展历程、深度学习基本理论和常用的神经网络，主要引出卷积神经网络（Convolutional Neural Networks，CNN）和循环神经网络（Recurrent Neural Network，RNN）的概念，以及常用的 Caffe 神经网络、TensorFlow 神经网络、Keras 神经网络、MXNet 神经网络、MobileNet 神经网络和 ResNet 神经网络共 6 种神经网络。

第 4 章是基于 Chebyshev-PCA 优化的移动应用语音情感识别。本章介绍了语音信号和噪声信号的特征、传统语音去噪算法概述、切比雪夫低通滤波器设计方法和主成分分析法。首先对柏林语音库和 CASIA 语料库中的三种情感进行加噪处理，模拟带噪语音信号；其次提出将语音降噪方法与特征降维方法相结合应用于对带噪语音的情感识别。经设计实验证明，Chebyshev-PCA 处理得到的情感特征可以得到更精确的表征情感信息。

第 5 章是基于 PCA-GRA 分析法的情感特征优化。本章主要介绍语音信号的特征分析和灰色关联分析方法，针对语音情感特征在情感识别中存在的干扰性和冗余性问题，提出采用特征降维方法对情感特征进行优化。通过选用柏林语音库和 CASIA 语料库中的 4 种情感作为研究对象，提取情感特征并进行优化处理，实验结果表明，PCA-GRA 降维方法可以在降低特征相关性的同时得到冗余度小的特征集，从而提高对语音情感的识别效果。

第 6 章是基于多输入的跨语种语音情感识别的多模型融合框架。本章主要介绍 MobileNet 神经网络和 ResNet 神经网络的理论和构建方法，并针对跨语种语音情感识别中的特征和网络表现单一的局限性，提出基于多输入的跨语种语音情感识别的多模型融合框架。通过选用 4 种语言中共有的 4 种语音情感作为实验样本进行验证，实验结果发现，本章提出的多模型融合框架可以比单一网络模型更有效地区分多语种的情感差异，还可以通过迁移学习增强模型的学习能力。

第 7 章是总结与展望。本章对全书的研究工作进行总结，并提出了下一步需解决的问题和研究方向。

1.5 本章小结

本章概述了课题的研究背景和意义，详细介绍了与本书研究工作相关的国内外研究现状，最后说明了本书的主要研究内容和组织结构安排。

第 2 章　语音情感识别的基本理论

2.1　语音的产生

人类的发声器官由三部分组成：气源、声门、声道。其中，肺、气管产生气源；喉（包含声带）构成了声门；咽腔、口腔、鼻腔构成声道。发声器官如图 2-1 所示。

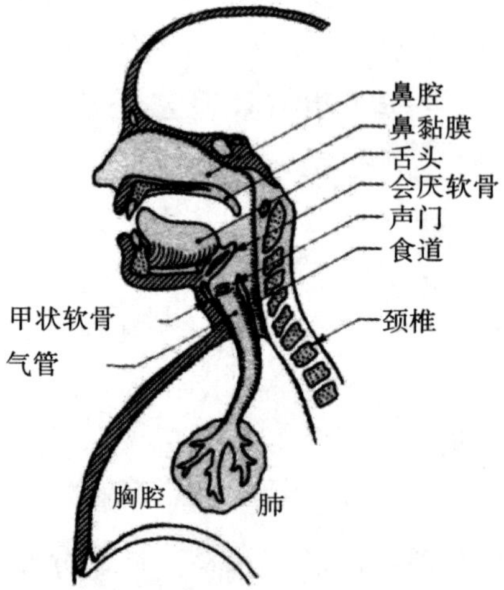

图 2-1　发声器官剖面图

讲话时，肺部的主要声学功能是产生压缩气体，通过气管将气体传送到喉部。喉部的主要功能是控制声带的运动，从而产生激励。声带位于喉部的前、后端之间，声带间的空隙叫作声门，声门至嘴唇之间所有的发声器官叫作声道。所以，语音信号的生成机理如下：气体从肺部通过气管进入喉部，通过声带产生激励信号，再传到声道进行调制，最后由嘴唇辐射出去，从而形成语音。呼吸时左右两个声带呈打开状态，说话时就会变为闭合状态。声带张开闭合一次的时间即为基音周期，其倒数就为基频。而声带的振动频率与声带的长度、厚度及其张力等参数有关。声带越长、厚度越厚、张力越小，则音调就越低，基频就越小。男性的基频范围通常为 50 ～ 250 Hz，女性基频则在 100 ～ 500 Hz 之间。

2.2　情感描述模型

语音情感识别的前提是情感建模，情感的基本类型的确立要求对情感进行准确的定义及划分。根据建模方法的不同，可将情感的描述模型主要分为两大类：离散情感模型和维度情感模型。离散情感模型是在分类的建模方法的基础上构建，维度情感模型是在连续的建模方法的基础上构建。

2.2.1　离散情感模型

离散情感模型通常是将情感用离散标签的形式描述，如悲伤、愤怒、高兴等。使用离散标签的方式描述情感清晰明了，符合人们日常生活中的直观感受，离散标签的方式在早期的情感相关的研究中被普遍采用。但由于语言的博大精深，语言学家罗列的常用情感状态描述有近 300 余种，这对计算机识别来说无疑是一项极大的挑战。因此，挑选出更具普遍性和代表性的情感标签来描述情感是研究者必须要解决的基本问题。在众多研究者的分类中，由美国心理学家 Ekman 研究提出的高兴、愤怒、恐惧、悲伤、惊奇和厌恶 6 种基本情感最为著名，是运用最为广泛的情感模型，同时也称为原型情感。现今大多数公开的语音情感数据库均是基于这 6 种基本情感建立的。除此情感分类方法之外，研究人员根据不同的研究问题以及关注的不同实际应用场合，还提出其他不同以往的划分情感类别的方法。例如，Vasileseul 等只针对如何识别出恐惧的情感状态做了深入的研究，并将其应用到公共安全领域；Gray 等将情感划分为恐惧、愤怒、喜悦以及焦虑等。表 2-1 将当前各领域研究者对情感的定义及划分进行了总结。

表2-1　不同研究者对情感类别标签的定义

研究者	情感类别标签
Amold	愤怒、厌恶、勇气、沮丧、欲望、绝望、讨厌、希望、喜爱、难过
Ekman	愤怒、厌恶、沮丧、快乐、难过、惊讶
Fridja	欲望、快乐、关心、惊讶、好奇、悲哀
Izard	愤怒、蔑视、痛苦、恐惧、厌恶、关心、快乐、羞耻、惊讶
James	恐惧、悲伤、喜爱、愤怒
McDougall	恐惧、厌恶、喜悦、征服、温柔、好奇
Oatley	愤怒、厌恶、焦虑、快乐、难过
Plutchik	愤怒、认同、期待、快乐、厌恶、恐惧、难过、惊讶
Tomkins	愤怒、关心、蔑视、厌恶、痛苦、恐惧、快乐、耻辱、惊讶
Watson	恐惧、喜爱、愤怒
Graham	开心、悲伤

离散情感模型虽然已经获得很多研究者的广泛认可，但是近些年研究者们发现，在日常生活中人们的情感表达是复杂且微妙的，基于分类的离散情感模型不能有效表达人类丰富的情感。在以下三个方面表现尤为突出：首先，对于只涵盖几类基本情感的离散情感模型来说，它对情感的描述及表达能力是极为有限的；其次，离散情感模型对于情感间的相关关系的表达也有所欠缺；最后，即使对某一类情感而言，也可有不同情感强度的划

分，而离散情感模型不能有效地表达这些情感的强度。例如，悲伤这类情感可根据强度的不同分为一般悲伤、中等悲伤、特别悲伤。

2.2.2　维度情感模型

由于情感产生的机理复杂、边界模糊，在表达和感受上均存在较大的个体差异。近年来，国内外情感计算领域的研究者们开始致力于研究如何通过连续维度对情感的复杂性、微妙性和连续性进行建模和解析，维度情感模型由此产生[14][15]。从理论上讲，现实生活中存在的任意情感状态都可以在维度情感空间中用某个坐标点来表示。在维度情感模型中，描述情感使用的实数值是不间断的、连续的，因此维度描述方式也称为连续描述方式。维度情感模型的描述方式可以忽略情感产生的复杂过程，将不同的情感状态看成平滑的、逐渐的转变。

情绪维度（Emotion Dimension）这一观点最早由心理学家 Wilhelm Wundt 提出，他提出人类的情感由愉快到不愉快（Pleasure-Displeasure）、兴奋到平静（Excitiement-Inhibition）、紧张到松弛（Tension-Relaxation）三个维度构成，不同的情感会在每个维度的两个互为对立的相反方向不断进行变化。这个结论为后期情感的三维模式（Three-Dimensional Pattern）的提出奠定了理论基础。此外，在维度情感描述理论中还有一些应用广泛的模型，下面对其分别进行简要介绍。

1. 情感环状模型

该模型是 Russell 基于认知理论提出的，也称为激活度—效价空间模型（Arousal-Valence Space），如图 2-2 所示。该模型认为每种基本情感都呈现出一种由相互对立的两极特征构成的情感连续体。核心情感状态主要从两个维度加以度量：垂直轴是激活度（Arousal），不同的位置决定于情感的强弱程度，从昏昏欲睡、放松到觉醒、全神贯注等，水平轴是效价维（Valence），不同的位置决定于情感的正负性质，从愉悦、喜爱到悲伤、厌恶等。

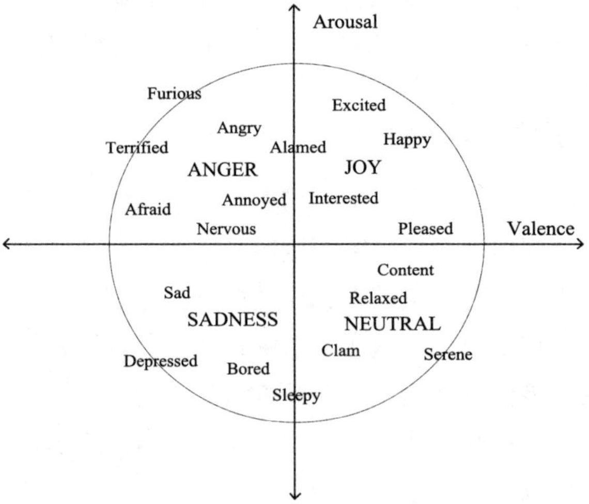

图 2-2 情感环状模型

2. 三维情感模型

三维情感模型如图 2-3 所示，该模型认为情感过程由快乐度（愉快—不愉快）、冲动度（兴奋—平静）和紧张度（紧张—松弛）这三组情感元素构成的。每一维度情感的强弱变化都具有两极性，当具体发生某种情感时，该情感都位于这三个维度的两级之间不同位置上。

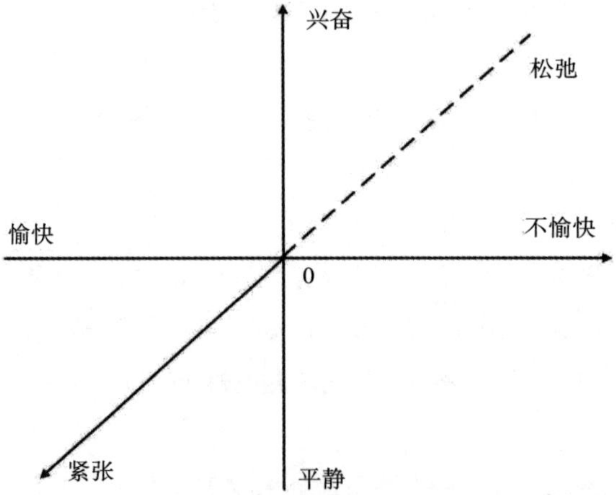

图 2-3 三维情感模型

3. 三维倒圆锥情感模型

普拉切克（Plutchik）提出的由两极性、相似性、强度三维构成的倒圆锥情感模型如图 2-4 所示，该模型指出情感是在两极性、相似性和强度三个维度上进行变化的。Plutchik 形象地将情感状态在三个维度间的关系用倒锥形来描述，八种原始情感表示在锥体的截面上，位于对角位置的两种情感是互为对立的，位于相邻位置的两种情感是相似的，锥体从上到下代表着情感从强到弱连续变化。

4. PAD 三维情感模型

1974 年，Mehrabian 和 Russell 提出了维度观测量模型——PAD 三维情感模型，如图 2-5 所示。PAD 三维情感模型是通过采用语义差异评价法将情感分为愉悦度（Pleasure）、激活度（Arousal）、优势度（Dominance）三个维度，愉悦度 P 描述个体情感状态的正负特性，情感强度表现正则高、负则低的特征。激活度 A 描述个体神经的生理激活程度，是评价情感平静与激动的具体量化指标。优势度 D 描述个体对他人和情境的控制状态，体现了情感支配与受控的程度。

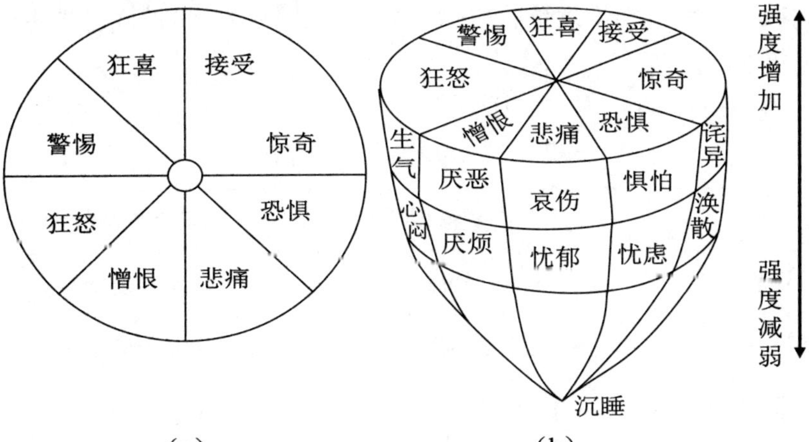

（a）　　（b）

图 2-4　三维倒圆锥情感模型

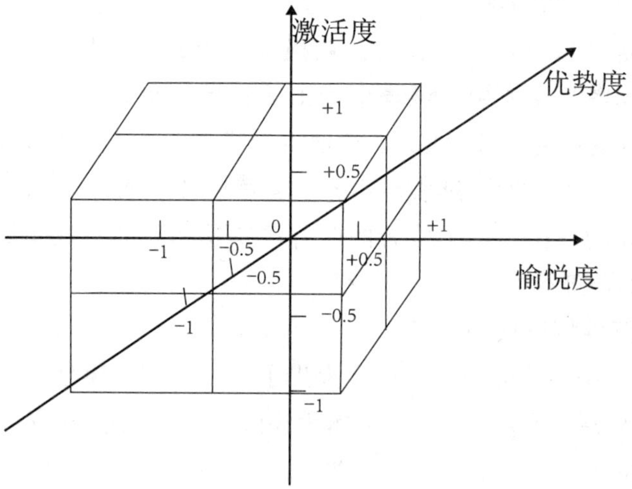

图 2-5　PAD 三维情感模型

2.2.3　两种情感描述模型的对比

离散情感模型和维度情感模型各有长处和弊端，两种情感描述模型的对比如表 2–2 所示。

表2-2　两种情感描述模型对比

	离散情感模型	维度情感模型
模型复杂程度	简洁，易懂	较复杂
情感描述方式	独立形容词标签	空间中的坐标点
情感描述能力	描述单一，具有局限性	任意复杂的情感类型
优点	模型简单，容易着手	情感描述能力强
缺点	有限的情感标签难以满足对复杂连续情感的描述的需求	将复杂情感量化为具体数值的过程工作繁重且难保质量

2.3 语音情感数据库

对于进行有效的语音情感建模、语音情感识别研究来说，一个高质量的语音情感数据库是至关重要的，语音情感数据库的质量决定了后续研究的进展及研究结果的真实性和可靠性，因此构建高真实度、大规模的语音情感数据库显得至关重要。目前通用的语音情感数据库的种类很多，下面从语音情感不同的分类模型角度，对语音情感数据库分两方面进行介绍：离散型语音情感数据库和维度型语音情感数据库。

2.3.1 离散型语音情感数据库

离散型语音情感数据库有三种衡量情感的指标，分别是单一、浓重、高辨识度，基本涵盖了几类特定的、有限的情感类型。由于在日常生活中我们的语言情感表达很难达到单一化，目前的离散型语音情感数据库主要分为表演型数据库、激励型数据库、启发型数据库和摘引型数据库。

1. CASIA 汉语情感语料库

由中国科学院自动化研究所录制完的 CASIA 汉语情感语料库，是由 4 位专业的录音者（2 男 2 女）分别在“高兴”“悲伤”“愤怒”“惊奇”“恐惧”“中性”六种不同的情感状态下对 500 句文本表演得到的，经过主观听辨进而筛选出高质量语料 9 600 句，采样率为 16 kHz，16 bit 量化。

2. 柏林 EMO-DB 德语语音情感库

柏林工业大学的 Burkhardt 等在 2005 年录制建立了 EMO-DB 德语语音情感库。该数据库是由 10 名专业的演员（5 男 5 女）对 10 句语音进行表演，共录制 7 种情感（“中性 /Neutral”“生气 /Anger”“害怕 /Fear”“高兴 /Joy”“悲伤 /Sadness”“厌恶 /Disgust”“无聊 /Boredom”）获得的。为保证情感的真实自然，要求演员通过回忆亲身经历来酝酿情绪，从而完成语音情感的模拟录制。虽然柏林语音库的数据规模并不大，文本的内容也不够丰富，但其录制过程规范，语音质量较高，因此柏林语音数据库得到了非常广泛的应用。

3. Belfast 英语语音情感数据库

Belfast 英语语音情感数据库是由英国贝尔法斯特皇后大学的 Cowie 等制作完成的，该情感数据库由年龄层次分布于 18 ～ 69 岁之间的志愿者（20 男 20 女）对 5 个段落进行模拟演绎录制，其中每个段落都有 7 ～ 8 个包含不同情感状态的语句。录制的五种情感分别是“生气 /Anger”“悲伤 /Sadness”“高兴 /Happiness”“恐惧 /Fear”“中性 /Neutral”。

4. eNTERFACE’05 语音情感数据库

eNTERFACE’05 语音情感数据库与上述语音库有所不同，它是一个音视频双模态英语情感数据库。该语音情感数据库由 42 名演员（32 男 8 女）通过表演模拟六种情感得到。这 6 种情感分别是“生气 /Anger”“恐惧 /Fear”“厌恶 /Disgust”“高兴 /Happiness”“悲伤 /Sadness”和“惊讶 /Surprise”。要求每位演员在表演过程中将每类情感用从弱到强五种不同程度表现出来，即五个样本数据。最终得到了 1 260 个英文语句。

5. TYUT2.0 语音情感数据库

TYUT2.0 是太原理工大学数字音视频研究中心构建的摘引型语音情感数据库。为了满足对语音情感的研究需求，该中心综合考虑了情感的丰富性、交互性、真实性、语音的噪声低等多方面因素，最终选取、摘引、截取广播剧中的语音情感作为语言库素材，建立了包含“悲伤 /Sadness”“高兴 /Happiness”“惊奇 /Surprise”和“愤怒 /Angry”四种基本情感共 678 句的语音情感数据库。

2.3.2 维度型语音情感数据库

维度型语音情感数据库也称为连续语音情感数据库，与离散型语音情感数据库不同的是，维度语音情感数据库在建立的过程中可以不受特定情感类别的限制，维度空间从理论层面上讲可将任何情感表示成空间中的某一具体坐标点。由于人类的情感变化特点是连续的、不间断的、细微的，维度语音情感数据库相对离散型语音情感数据库来说更符合建立自然语音数据库的要求。但是维度情感标注工作是一项艰巨的任务，到目前为止，维度情感标注还没有一个统一的国际通用标准，普遍采用的是人为打分制。例如，通常使用的情感标注工具 Feeltrace 要求标注人员在每一个维度上对每一组数据仔细辨听分析后给出合适的分值。这种标记方法看似简单，但是实际的工作量相当大，而且在标注过程中也难以避免标注人员融进自己的主观情绪的情况，所以客观普遍的维度空间标注方法还有待进一步的深入探究。相对于离散型语音情感数据库，维度型情感数据库在数量上相对较稀缺，在语音库的规范性和实用性方面还有一定的差距。

1.VAM 数据库

VAM（Vera am Mittag）数据库是由德国卡尔斯鲁厄大学制作完成的语音情感数据库。该数据库是通过对一个名为“Vera am Mittag”的德国电视类访谈节目现场录制得到的，谈话内容均为没有文本限制、没有形式要求、没有情绪引导的自然交流。该语音情感数据库包含连续 12 小时的语音和视频文件数据，所有的数据最终都保存为句子的格式，共 1018 句，由多个标注者在 Valence、Activation 和 Dominance 这三个连续维度空间进行标注，标注值范围介于 [–1,1] 之间，强度等级分别为 –1、–0.5、0、0.5 和 1，多个标注者分值的平均值为最终的情感值。

2.SEMAINEA 数据库

SEMAINEA 数据库是一个以人工智能研究和自然人机交互研究为前提建立的语音情感数据库，由英国贝尔法斯特女王大学研究者录制完成。年龄在 22 ～ 60 岁的 20 名用户（8 男 12 女）被要求分别和 4 个性格特征明显并完全不同的机器角色进行交流对话，这些机器角色事实上是由工作人员扮演的。这 4 个机器角色分别为快乐外向的 Poppy、智慧温和的 Prudence、抑郁悲伤的 Obadiah 和怒气冲冲的 Spike。数据的收集工作是由 5 个高分辨率、高帧频的摄像机和 4 个麦克风同时完成的，数据时长为 7 个小时左右，采样率为 48 kHz，24 bit 量化。多位标注者运用 FEELTRACE 标注工具在以下 5 个情感维度进行标注：Valence、Activation、Power、Expectation 和 Intensity。将语音按照帧划分为 20 ms 一帧，要求每位标注者对每一帧语音在 [–1,1] 区间进行标注。该数据库的一部分数据被收入 AVEC 2012 竞赛数据库中。

3. IEMOCAP 数据库

IEMOCAP 数据库是由美国南加州福尼亚大学录制的多通道、由多个表演者演绎的英语音视频情感数据库。该数据库包含约 12 个小时的视听觉数据，通过 10 名专业的演员（5 男 5 女）基于台词表演或者即兴表演，引导其将情感表达出来。后续工作是将每一段话按照停顿情况切分成单句，按照离散和维度两种划分分别标注。离散类别包括“高兴”“悲伤”“生气”“中性”“激动”“厌恶”“惊讶”“害怕”“沮丧”和“其他”总共 10 种情感类别，每句话至少由 3 位标注者标注。维度空间的标注在 Valence、Arousal、Dominance 三个维度上进行，每句话至少由 2 位标注者标注。

2.3.3 其他情感模型

除了以上介绍的情感模型，研究者们一直都在情感建模方面不断地进行相关的探讨和研究，提出了一些新的情感模型。近几年有一些研究者提出了个性化情感模型建立的方法，杨勇[16]提出了一个新的三层映射关系的个性化空间模型，他定义了三个空间概念——个性空间、心情空间和情感空间，并提出利用基本情感强度来描述情感空间中某一时刻的情感状态，利用心情空间中的心情向量到基本情感点的距离来衡量情感在情感空间中出现的概率，使心情空间和情感空间形成映射关系；李海芳[17]考虑到人的个性因素对情感的影响，提出了性格—心情—情感的多层情感模型，她通过研究人的性格与心情、情感的关系，建立了情感和心情的衰减函数，然后利用实验和统计分析的方法得到影响情感的因数并将其作为性格和心情变化以及情感激活的阈值，形成了多层情感模型；郝耀军等[18]提出了个性 OCC 情感模型并运用到网络学习中，他定义了在网络学习过程中能够影响情感变化的 6 项学习认知能力参数和 5 项学习过程指标变量，用模糊数学的方法对这些参数和变量进行评估。该模型的优点是简单、实时性强，提出了弥补网络学习中情感缺失的方法，改善了远程教育的学习过程。

还有研究者提出了关于认知机制的情感模型，如浦江[19]提出了需求、认知、情感三层模型，他定义了可以衡量信息和情绪的参量，分析了信息 - 情绪以及知识—感情的交互机制，阐释了人类认知 - 情感的交互规律。此外，还有一些其他模型的提出，如王浩[20]提出基于状态空间和概率空间映射的极大相似度匹配的情感模型，用于机器人情感模型的建立，他先利用 HMM 模型计算情感概率，然后通过相似度匹配将其转移到状态空间，并通过调节模型的参数来模拟不同个性的机器人在外界刺激下产生的情感状态的变化过程；王小玲[21]提出了一种基于进化神经网络的定量情感建模方法并构建了一个从游戏数据到玩家情感偏好之间的非线性模型。该模型具有准确度高、效率高的特点。

2.4 语音情感识别系统组成

一般来说，语音情感识别系统主要由语音情感信号预处理、特征参数的提取、情感识别网络三个部分构成。该系统所采用的基本框架如图 2–6 所示。

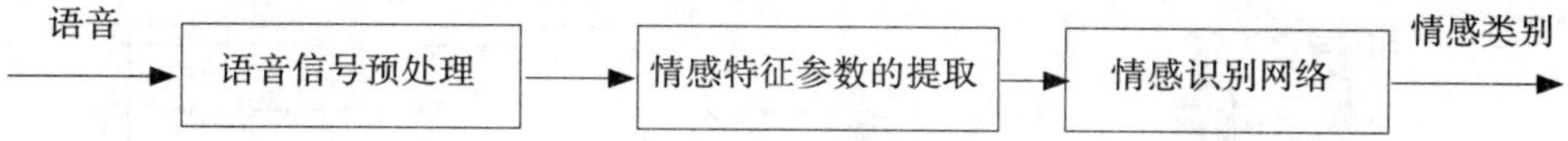

图 2–6 语音情感识别框图

第一，预处理，主要是为了去除主客观环境等因素造成的影响，使语音情感处于理想状态。

第二，语音情感特征提取，将可以描述语音情感信息的特征提取出来。

第三，情感识别网络，将训练集的情感特征和对应的情感标签输入识别网络，待网络训练完成后，将测试集的同类型情感特征作为训练好网络的输入进行模式匹配，从而识别测试集的情感标签。此外，完整的语音情感识别系统还离不开情感空间的描述和语音情感数据库的采集。

2.5 语音信号的预处理

影响语音信号情感特征好坏的关键性首要因素是语音信号的预处理过程，因此如何截取有效语音信号是提取表征情感信息的特征量的重要前提。鉴于语音信号具有短时平稳的特点，可以对语音信号进行如下预处理操作，具体过程如图 2–7 所示。

图 2–7 语音信号预处理框图

2.5.1 语音信号的端点检测

在录制或截取语音信号时，为保证语音信息的完整性，通常会在语音信号前后保留一段空白声音段。这段空白声音在一定程度上与研究信息无关，因此端点检测的目的是检测有效声音段信息并剔除无效噪声段信息，以便减少研究的工作量，从而提高研究效率。图 2–8 为采用能量和过零率两级判决对语音信号进行起始点与终止点的端点检测判断时，CASIA 语音库中“高兴”情感状态下“就是下雨也去”语音进行端点检测的效果图。

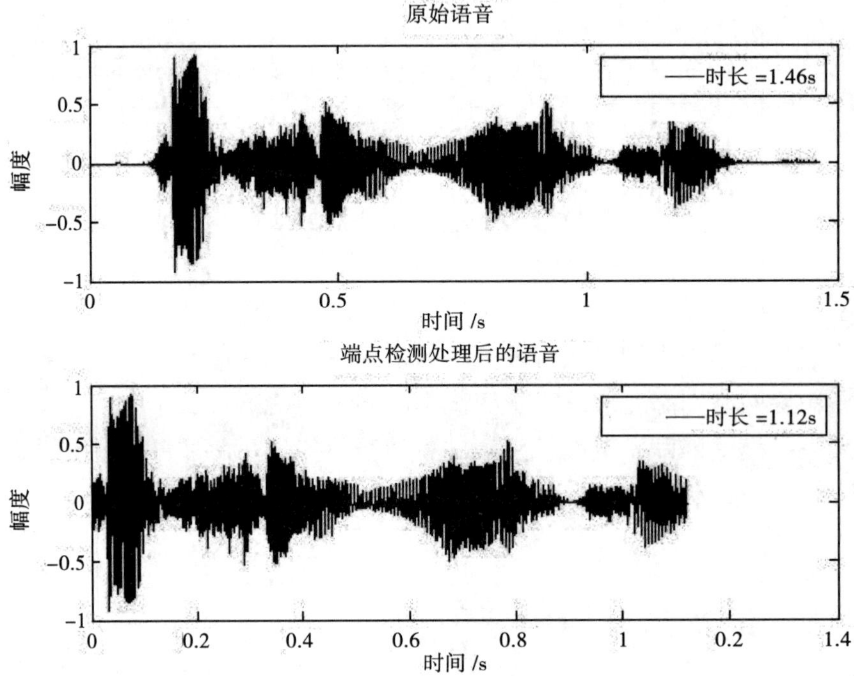

图 2–8　端点检测效果图

从图 2–8 可以看出，原始“高兴”语音情感信号的时长约为 1.46 s，经过端点检测得到的有效声音段时长为 1.12 s，从中剔除 0.34 s 的噪声段。也就是说，端点检测的目的就是从一段语音信号中检测出有效信息的起始点和结束点。

2.5.2　语音信号的预加重

预加重的主要目的是增强语音信号的高频成分，以便对信号传递过程中高频段分量衰减的成分加以补偿。人类在发声过程中会受到声门激励和口鼻辐射等的干扰，以至于语音信号中高频段的频谱难以获取。为解决这一问题，可以对语音的高频部分段进行预加重操作以除去口唇辐射的影响，从而增加语音信号高频段的分辨率。一阶 FIR 高通数字滤波器的传递函数如式（2-1）所示。

$$H(z)=1-\alpha z^{-1} \tag{2-1}$$

其中，α为预加重系数，范围是$0.9<\alpha<1.0$。图 2-9 为 CASIA 语音库中“高兴”情感状态下“就是下雨也去”语音进行预加重前后的信号及频谱对比效果图，α取值为 0.98。

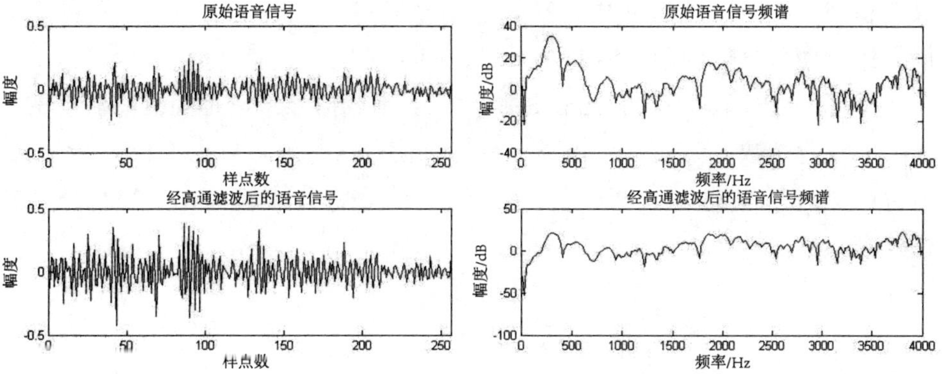

图 2-9　预加重前后的效果对比图

从图 2-9 中可以看出，就信号而言，经高通滤波后的语音信号幅度相比于原始语音信号幅度得到了明显的提高；就频谱而言，经高通滤波后的语音信号在高频部分的信号频率变得相对平缓。因此，对语音信号进行预加重操作有效地解决了高频信号频率波动过大的问题，使获取高频部分频谱更简单。

2.5.3 语音信号的加窗分帧

从整体上来看，语音信号是时变的非平稳信号，但具有在短时间保持平稳的特点，因此首先将语音信号进行分段（称为分帧，段长即帧长）操作，然后将得到的分段信号视为平稳信号进行处理，这个过程采用可移动的窗口函数进行加权实现。为了保证语音信号的连续性和平滑性，前后帧之间需要存在重叠部分，即帧移。一般设置帧移与帧长的比值范围为 0 ～ 1/2。常用的窗函数有两种：矩形窗和汉明窗，如式（2–2）和式（2–3）所示。

$$w(n)=\begin{cases}1, & 0\leqslant n\leqslant N-1\\ 0, & n=\text{others}\end{cases} \qquad (2\text{–}2)$$

$$w(n)=\begin{cases}0.54-0.46\cos\left(2\pi n/(N-1)\right), & 0\leqslant n\leqslant N\\ 0, & n=\text{others}\end{cases} \qquad (2\text{–}3)$$

图 2–10 为预处理操作中设置帧长 $f_l=256$，帧移 $f_t=128$，窗函数选择汉明窗时，CASIA 语音库中“高兴”情感状态下“就是下雨也去”的语音信号进行加窗分帧处理前后的效果对比图。

从图 2–10 可以看出，语音是一种信息承载信号，它是随时间演变的一个独立变量函数。该段“高兴”语音情感信号的有效时长是 1.12 s，经过加窗分帧处理后得到 141 帧（分段信号），然后将分段信号视为平稳信号进行处理。

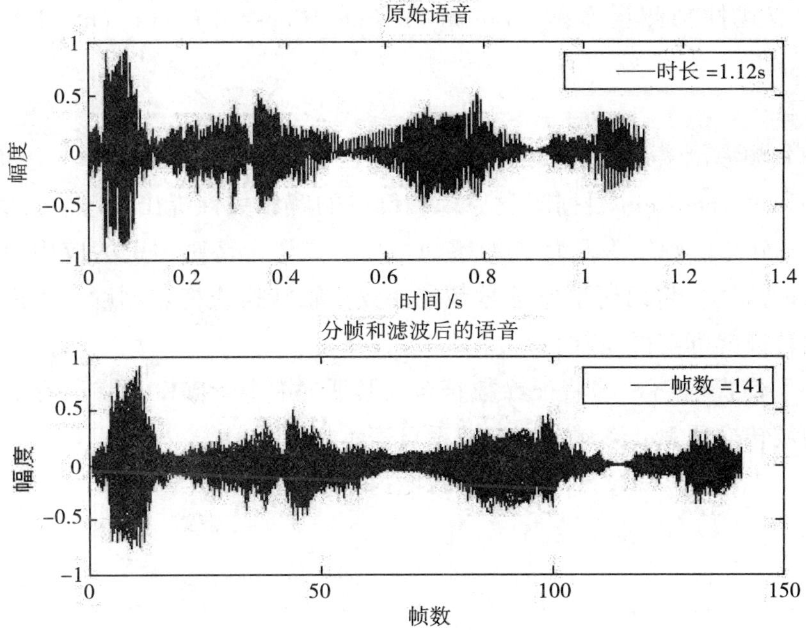

图 2-10　语音信号的加窗分帧处理的效果图

2.6　语音情感特征提取

目前，语音情感识别中用到的特征大致可分为基于谱的相关特征、韵律学特征、音质特征、过零峰值幅度特征和非线性特征。

2.6.1　基于谱的相关特征

基于谱的相关特征表现了发声运动之间以及声道形状变化的相关性。近年来，通过大量分析与验证，国内外学者发现基于谱的相关特征可以很好地反映语音中的情感信息，因此该特征被越来越多地应用于语音情感识别中。在语音情感识别任务中使用的线性谱特征一般有线性预测系数（Linear Prediction Coefficient，LPC）、单边自相关线性预测系数（One

Sided Autocorrelation Linear Predictor Coefficient，OSALPC）等；倒谱特征一般有线性预测谱系数（Linear Predictor Cepstral Coefficient，LPCC）、MFCC 等。

1. MFCC

梅尔频率倒谱系数是根据人耳听觉特性提取得到的特征参数。1980 年，Davies 和 Mermelstein 根据听觉原理和倒谱的解相关性提出了该特征参数。MFCC 充分考虑到了人耳特殊的感知特性，在语音情感识别的应用中取得了很大的成功。将语音情感信号频谱的频率轴转换成梅尔刻度，再进行倒谱域的转换就可获得 MFCC。

为了使提取出来的特征参数符合人耳听觉特性，MFCC 将语音信号从线性频域转换到 Mel 频域，变换关系可表示如下：

$$f_{\mathrm{mel}} = 1127\lg(1 + f/700) \tag{2-4}$$

其中 f 为频率，单位为 Hz。

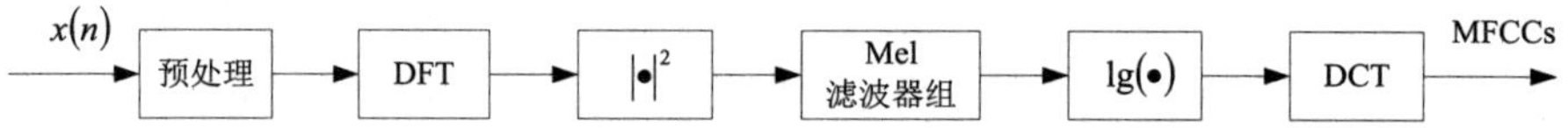

图 2-11　MFCC 提取框图

图 2-11 所示为 MFCC 的提取过程，具体为：首先对经过预处理后的语音情感信号进行离散傅里叶变换，得到语音信号的频谱；其次计算其能量谱，将能量谱输入到 Mel 滤波器组，即一组 M 个三角带通滤波器，每个滤波器的中心频率为 $f(m)$。两个相邻滤波器互相交叠，并且它们的中心频率是按照梅尔频率刻度均匀分布的。梅尔滤波器的中心频率和频率响应分别为式（2-5）和式（2-6）。

$$f(m) = \left(\frac{N}{F_s}\right) B^{-1}\left[B(f_l) + m\frac{B(f_h) - B(f_l)}{M+1}\right] \tag{2-5}$$

$$H_m(k) = \begin{cases} 0, & k < f(m-1) \\ \dfrac{k - f(m-1)}{f(m) - f(m-1)}, & f(m-1) < k \leqslant f(m) \\ \dfrac{f(m+1) - k}{f(m+1) - f(m)}, & f(m) < k \leqslant f(m+1) \\ 0, & k > f(m+1) \end{cases} \quad (0 \leqslant m \leqslant M) \tag{2-6}$$

式中，f_h、f_l 为滤波器中的最高频率和最低频率；N 为进行快速傅里叶变换时的点数；F_s 是采样频率；M 是梅尔滤波器组中滤波器的个数，$B^{-1}=700(e^{b/1125}-1)$ 是 f_{mel} 的逆函数。

接着，将每个滤波器的输出取对数，最后进行离散余弦变换就可以获得 MFCC。

在进行 MFCC 特征提取时用到的三角带通滤波器在中高频部分的分布比较稀疏，而低频部分呈密集型分布，所以 MFCC 在中高频部分具有较低的频率分辨率，可以屏蔽高频噪声干扰；在低频区内的计算精度良好，因此频率分辨率也较高。语音信号是以低频分量为主，因此 MFCC 特征可以较好地描述语音情感信号的特性。

2. LPC

线性预测分析是以人的发声机理为依据建立的声道短管级联模型，可以认为其传递函数满足全极点数字滤波器的形式，因此可以利用前若干时刻的信号的线性组合对某个时刻的信号进行估计。令实际语音的采样值和线性预测的采样值之间达到最小均方误差，就可以获得 LPC。

语音信号产生的声道模型可用如式（2–7）所示的全极点模型表示：

$$H(z)=\frac{1}{1-\sum_{k=1}^{P}a_k z^{-k}} \qquad (2\text{–}7)$$

语音信号是唯一可以确定预测系数大小的。在均方差（Mean Square Error，MSE）最小的情况下可以求得该预测系数，其中均方差 MSE 指的是抽样值和线性预测抽样值间的均方差。因此，利用线性预测器就能够表示当前时刻所要预测的语音情感信号，如式（2–8）所示。

$$\hat{s}_n=-\left(a_1 s_{n-1}+a_2 s_{n-2}+\cdots+a_p s_{n-p}\right) \qquad (2\text{–}8)$$

式中：$a_k(k=1,2,\cdots,p)$ 是线性预测系数；s_n 代表 n 时刻语音信号的采样值；$\hat{s}_n$ 代表 n 时刻语音信号的预测值。

原始语音信号值 s_n 与 $\hat{s}_n$ 间的差值，即预测误差用 $e(n)$ 表示，如式（2–9）所示。

$$e(n) = s_n - \hat{s}_n = s_n + \sum_{k=1}^{p} a_k s_{n-k} \tag{2-9}$$

计算最小均方误差，在某一区间 $e(n)$ 的平方和如式（2-10）所示。

$$\varepsilon^2 = \sum_n e(n)^2 = \sum_n (s_n + \sum_{k=1}^{p} a_k s_{n-k})^2 \tag{2-10}$$

使 ε^2 对 a_k 的偏微分为 0，得到式（2-11）。

$$r(j) = \sum_{k=1}^{p} a_k r(j-k), j = 1,2,\cdots,p \tag{2-11}$$

其中，$r(k)$ 为语音信号的自相关函数，如式（2-12）所示。

$$r(k) = \sum_{n=j}^{N-1} s_n s_{n-j} \tag{2-12}$$

通过 Levinson-Durbin 递推算法求解式（2-11），便可得到 LPC 系数 a_k。

2.6.2 韵律学特征

韵律学特征描述了语音在音高、声调、快慢、重音等方面的变化，又被称为超音段特征。情感所导致的生理变化会对语音发音产生影响，即情感的差异会导致声门和声道特征产生变化，如声道的绷紧、舒展、声带张开、闭合周期，等等。语音信号中的韵律特征可以表征说话人的心理状态，近年来，研究者们已经发现语音中包含的各种情感信息会具有不同的韵律特征规律，并将其应用到语音情感识别的研究中。其中，与语音情感表达密切相关的韵律参数有基频、语速和能量，下面分别对其进行介绍。

1. 短时能量

在韵律上，语音信号能量特征代表了说话人音量的高低、声音的强度。当语音的情感状态发生变化时，信号强度呈现出不同的变化规律。一般而言，当心理活动较为兴奋，如愤怒、高兴时，信号的强度较大；当情绪低落，如悲伤、沮丧时，信号的强度低于一般状态。

在语音情感识别任务中，常用短时能量、短时平均幅度代表强度。语音情感信号在 n 时刻的短时能量定义如式（2-13）所示。

$$E_n = \sum_{m=-\infty}^{\infty} [x(m) \cdot w(n-m)]^2 \tag{2-13}$$

其中，N 为窗长。

若令：

$$h(n) = w^2(n) \tag{2-14}$$

则：

$$E_n = \sum_{m=-\infty}^{\infty} x(m)^2 \cdot h(n-m) \tag{2-15}$$

短时平均幅度可定义为式（2–16）。

$$M_n = \sum_{m=-\infty}^{\infty} |x(m)| \cdot w(n-m) \tag{2-16}$$

2. 基频

声带每张开和合拢一次的时间为一个基音周期，其倒数为基音频率，简称基频。基音频率是由声带的长短、厚薄、张力大小决定的。在不同情感状态下，声带会出现相应的变化，语音的基频也会出现不同程度的改变。因此，基频是识别语音情感状态的一个关键特征，包含了语音情感的相关信息。提取基音频率的常用方法主要有自相关法、倒谱分析法等。

3. 短时平均过零率

短时平均过零率定义为每帧内信号经过零值的次数，是信号时域分析中常用的一种特征参数。当为离散信号时，相邻样点值出现相反的代数符号就判断为出现了过零现象；为连续信号时，信号的时域通过零轴就称为发生了过零。短时平均过零率在一定程度上表征了信号的频率信息。

短时平均过零率的定义如式（2–17）所示。

$$Z_n = \sum_{m=-\infty}^{+\infty} \left|\mathrm{sgn}[x(m)] - \mathrm{sgn}[x(m-1)]\right| w(n-m) = \left|\mathrm{sgn}[x(n)] - \mathrm{sgn}[x(n-1)]\right| \bullet w(n) \tag{2-17}$$

4. 语速

语速表明了说话者语速的快慢程度，不同的语音情感信号在语速上有着显著的区别，如在愤怒或者激动等状态时，语速就会加快；在郁闷等状态时，就会明显减缓下来。通过语音中语速的快慢就能够推测出其包含的情感信息。

语音的常用韵律学特征包括短时能量、基音频率、过零率、语速，统计参数等共 14 维，可以将其作为语音情感识别的基本特征参数，如表 2–3 所示。

表2-3 语音的韵律学特征及其统计参数

韵律学特征	统计参数
短时能量	最大值，最小值，平均值，变化率的最大值、最小值、平均值
基音频率	最大值，最小值，平均值，变化率的最大值、最小值、平均值
过零率	平均过零率
语速	平均语速

2.6.3 音质特征

声音质量主要是为了衡量语音的纯净度、清晰度以及辨识度等。它会受到喘息、哽咽、颤音等声学表现的影响，而且这些声学表现往往发生在说话人情绪激动、心情难以平复的状况下。用于语音情感识别系统中的音质特征一般有共振峰频率及其带宽、频率微扰和振幅微扰、声门参数等。

声道可以视为一个截面非均匀、不规则的声管。当元音进入声道以后，会与声道产生共鸣现象，引起共振，从而生成一组共振频率，即共振峰。不同的语音情感会产生不同的声道共鸣，共振峰所在的位置也会存在差别。通常选择语音情感的前 3 个共振峰作为识别网络中的特征参数。

多数情况下用到的声音质量特征为共振峰频率特征，包括第 1 共振峰、第 2 共振峰、第 3 共振峰的最大值、最小值、平均值、方差、中值，变化率的最大值、最小值、平均值等共 24 维。

2.6.4 过零峰值幅度特征

过零峰值幅度（Zero Crossings with Peak Amplitudes，ZCPA）特征是基于人耳听觉模型的特征。1999 年，Doh-Suk Kim 依据人耳听觉模型提出了该特征参数。ZCPA 在物理层面上模拟了人耳听觉处理的进程。其提取框图如图 2-12 所示，整个提取过程由带通滤波器组、过零检测器、峰值检测器、非线性压缩和频率接收器构成。具体过程如下：

（1）语音信号通过 16 个 FIR 带通滤波器，其作用为模拟耳蜗基底膜。

（2）利用过零检测器、峰值检测器、非线性压缩部分实现对听觉神经纤维的模拟。

（3）对峰值检测器得到的强度信息进行非线性压缩，与过零检测器得到的频率信息一起进入频率接收器进行时间幅度规整，最后得到语音信号的特征参数。

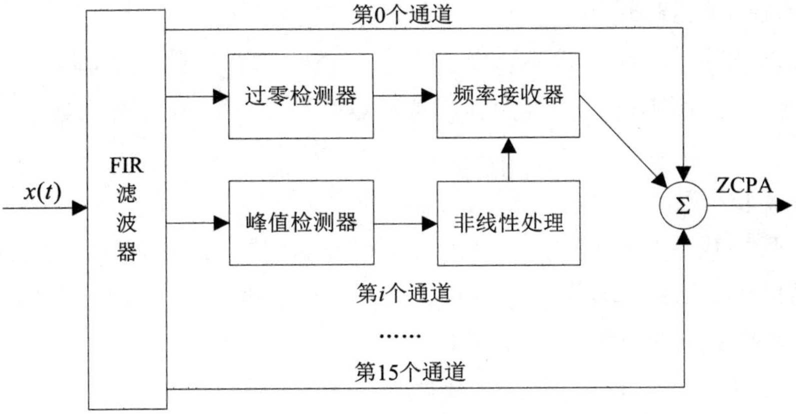

图 2-12　ZCPA 特征的提取框图

2.6.5　非线性特征

人的发声过程存在混沌特性，语音信号的产生和传播过程都是时变的非线性过程，基于语音信号混沌特性的非线性特征主要有非线性属性特征和非线性几何特征，下面重点介绍较常用的非线性属性特征：Hurst 指数、最小延迟时间、关联维数、Kolmogorov 熵、最大 Lyapunov 指数。

设一维语音信号为 $\left[x(1),x(2),\cdots,x(N)\right]$，$N$ 为语音信号的个数，通过选择合适的最小延迟时间 τ 和嵌入维数 m 将其映射到高维空间实现相空间重构得到重构信号：

$$\boldsymbol{X}_i=\left[x(i),x(i+1),\cdots,x(i+(m-1)\tau)\right],i=1,2,\cdots,M \tag{2-18}$$

式（2-18）中，$M=N-(m-1)\tau$。

1.Hurst 指数

Hurst 指数（ H ）通过量化时间序列的演化趋势来衡量时间序列的长期记忆性。H 的取值范围为 0 ～ 1，当 $H<0.5$ 时，说明序列前后并无自相关

性；当$H>0.5$时，说明序列前后的关联性较大。由于不同语音情感的变化规律有所差异，如愤怒情感时间序列的前后差异性较大，相关性较低；悲伤情感时间序列的前后差异性相对较小，相关性较高。因此，提取衡量情感序列前后关联性的 Hurst 指数具有重要意义，由重标极差分析方法[22]可计算得到 Hurst 指数。

2. 最小延迟时间

对语音信号$\left[x(1),x(2),\cdots,x(N)\right]$来说，不同信号分量的互相关性会因时间间隔的不同而不同，信号的互相关性最小时的时间间隔称为最小延迟时间τ。

3. 关联维数

关联维数特征描述非线性系统的自相似结构，是一种非线性表征量，可以对自相似结构的复杂度进行量化表征，复杂度越高，关联维数就越大。计算关联维数的典型方法是 G–P 算法[23]：

在m维重构空间中给定距离阈值r，将任意两点间距离小于r的相点对与所有相点对的比值称为关联积分函数，定义如式（2–19）所示。

$$C(r,m)=\frac{1}{M(M-1)}\sum_{i,j=1,i\neq j}^{N}\theta(r-\left\|\boldsymbol{X}_i-\boldsymbol{X}_j\right\|) \tag{2-19}$$

式（2–19）中，M表示总相点数：$\theta_{(z)}=\begin{cases}0, & z<0\\ 1, & z\geqslant 0\end{cases}$。

关联维数$D(m)$的定义如式（2–20）所示。

$$D(m)=\frac{\ln C(r,m)}{\ln r} \tag{2-20}$$

由式（2–20）可知，对于$C(r,m)-r$曲线，当m取最小嵌入维数时，对曲线局部直线拟合即可得到所求的$D(m)$。

4.Kolmogorov 熵

Kolmogorov 熵是精确描述时间序列分布概率混乱水平的特征参数，采用 G–P 算法求解 Kolmogorov 熵的计算方法如式（2–20）所示。

$$K=\frac{1}{m\tau}\ln\frac{\mathrm{C}(r,m)}{\mathrm{C}(r,m+1)} \tag{2-21}$$

式（2–21）中：$C(r,m)$为关联积分函数；K即为 Kolmogorov 熵的值。

5. 最大 Lyapunov 指数

最大 Lyapunov 指数（ λ_1 ）表征相空间中相邻轨道收敛或者发散的快慢程度，当 $\lambda_1 > 0$ 时，说明其轨道不稳定，混沌程度大；当 $\lambda_1 < 0$ 时，说明相邻轨道稳定，混沌程度小。其计算过程如下。

（1）通过对时间序列 $[x(1), x(2), \cdots, x(N)]$ 进行快速傅里叶变换计算其平均周期 P。

（2）采用 C–C 方法求得 τ 和 m。

（3）重构后的 $\boldsymbol{X}_i$ 与其最近邻点 $\boldsymbol{X}_{i'}$ 的距离如式（2–22）所示。

$$d_i(0) = \left\|\boldsymbol{X}_i - \boldsymbol{X}_{i'}\right\|, \left|i - i'\right| > P \tag{2–22}$$

（4）相空间中 $\boldsymbol{X}_i$ 相邻点对在 n 个单位时间后的距离如式（2–22）所示。

$$d_i(n) = \left|\boldsymbol{X}_{i+n} - \boldsymbol{X}_{i'+n}\right|, n = 1, 2, \cdots, \min(M - i, M - i') \tag{2–23}$$

（5）当最近点的轨道以速率 λ_1 发散时，

$$d_i(n) = d_i(0)\exp(\lambda_1 n T_s) \tag{2–24}$$

式（2–24）中，T_s 为采样周期，将其进行对数变换得到式（2–25）。

$$\ln d_i(n) = \ln d_i(0) + \lambda_1 n T_s \tag{2–25}$$

（6）对相邻点间距离的对数之差进行平均运算，得到式（2–26）。

$$\text{aver}\lambda(n) = \frac{1}{qT_s}\sum_{i=1}^{q}\left[\ln d_i(n) - \ln d_i(0)\right] \tag{2–26}$$

式（2–26）中，q 表示非零 $d_j(i)$ 的数目。最终通过最小二乘法拟合得到最大 Lyapunov 指数如式（2–27）所示。

$$\lambda_1 = \frac{\sum_{n=1}^{\min(M-i, M-i')}[n\lambda(n)]}{\sum_{n=1}^{\min(M-i, M-i')} n^2} \tag{2–27}$$

2.7　特征降维方法

回归模型的预测效果与模型的输入有直接关系，输入特征的优劣、维数都会对预测效果产生影响，与预测对象无关的特征不仅会造成数据累积，还会对预测效果产生干扰；而高维特征容易造成数据冗余，从计算复杂度上看不适宜，甚至会对预测的效率和精度产生严重的负面影响。因此，特征降维是进行维度预测的关键环节。目前，特征降维的方法主要分为特征选择和特征抽取。

2.7.1 特征选择

特征选择的目的是在去除特征集冗余或不相关特征的同时，挑选出最优特征，降低特征空间维数，特征选择可以获得对学习模型有显著帮助的特征，从而减少计算复杂度，提高学习模型的效率，改善模型的精确度。

特征选择一般是由选定的评价函数对每个特征项赋一个权值，该权值表征特征项与研究对象的关联度；并通过设置权值的阈值来选择特征，将权值大于阈值的特征归类到最优特征集中，否则就直接删除。特征选择主要从搜索方法和评价标准两方面考虑。下面对这两个方面分别进行说明。

1. 按照搜索方法分类

搜索方法指采用什么方式对特征空间进行搜索，主要分为完全搜索、启发式搜索、随机搜索，如图 2-13 所示。

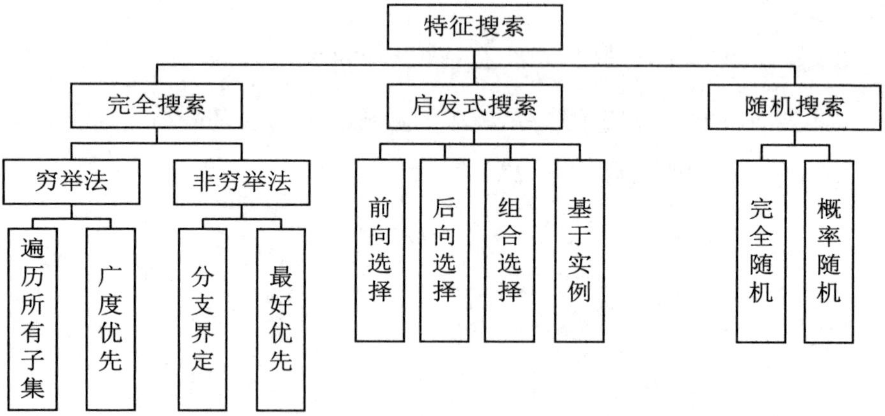

图 2-13 按搜索方法分类

完全搜索是对特征的所有子集进行比较，在一定程度上考虑到了特征之间的相关性，所以能较好地找到最优特征子集，包括分支界定搜索、广度优先搜索等搜索方法。穷举搜索是较常用的完全搜索法，是指在原始特征中，遍历所有的子集，根据回归结果从原始特征中选出最优特征子集。鉴于穷举搜索能对每一种特征组合进行验证，为避免产生太大的时间成本与较高的复杂度，该方法仅适用于具有较少维特征的样本数据。

启发式搜索通过迭代方式逐渐增加特征子集的大小，一般不考虑特征的相互影响作用，仅仅考虑单个特征对结果的影响。常用的启发式搜索包括序列前向搜索方法、序列后向搜索方法等，启发式搜索的实现过程比较简单、快速，因此被广泛应用于各个研究领域。但缺点是现实中的数据间通常存在各种相关性，而该搜索方法忽略其相关性，因此并不能保证得到的特征子集是最优的。

随机搜索以随机采样为基础，通过随机采样的方式进行特征选择，不同次搜索到的特征子集间是无关的。该方法的随机性特点导致其搜索结果具有很大的不确定性，较难获得最优特征子集。常用的随机搜索算法有遗传算法、蚁群优化算法等。

2. 按照评价标准分类

特征选择可以视为一个优化问题，其目的是根据某种特征评价标准来确定哪些特征是有效的，哪些特征是冗余的，哪些特征是与研究对象无关的。根据评价函数不同，特征选择方法主要有过滤式（Filter）和封装式（Wrapper）两种。

Filter 选择法是根据某种准则计算数据中的隐含信息，对每一个特征的统计特性如发散性进行独立评分，通过设定阈值或待选择的特征个数实现特征选择。鉴于该方法是利用数据的自身特性来评估特征的统计特性，所以其优点是计算复杂度低、速度快、对高维数据有很好的适应能力。但缺点是它完全独立于学习算法，忽略了特征间的依赖关系，导致学习算法的准确性较低。

Wrapper 选择法是将特征选择过程融入学习算法中。选择原理是由特征集训练学习算法，不断根据评估结果对使用的特征子集进行更新，从而选择或者排除若干特征，直到选择出使算法运行效果最好的特征子集，同时利用训练算法中使用的特征在测试集上进行测试。训练集与测试集同时验证的方式保证了特征的鲁棒性。这种方式准确率高，但由于学习算法的性能会影响特征的选择，泛化能力较差。

综上可知，Filter、Wrapper 特征选择方法各有优缺点，在实际应用环境中，应该根据数据的特点以及研究者的目标选取特征选择方式。

2.7.2　特征抽取

特征抽取指通过将原始特征空间进行变换，重新生成一个维数更小、各维之间更独立的特征空间。从原始特征集到低维特征集，既降低了数据的复杂度，解决了“维数灾难”所带来的问题；又精炼了样本数据信息，能够更好地认识和理解数据，保证了原始特征的性能。

特征抽取的大致过程如下：初始状态下，原始特征空间包含表征样本特性的所有特征；将原始特征集中的特征向量化，构成向量矩阵；然后通过算法将原矩阵变换成一个较低维的矩阵，这个低维矩阵即为新的特征空间。

综上所述，特征抽取与特征选择有所不同，特征选择是指从原始特征空间 $\boldsymbol{T}$ 中筛选出主要特征组成新的低维特征空间 $\boldsymbol{T}_1$，即 $\boldsymbol{T}_1$ 仅是 $\boldsymbol{T}$ 的子集，而不对原有数据进行修改，特征抽取是由 $\boldsymbol{T}$ 经映射变换提取出可以代表原始特征性能的低维空间 $\boldsymbol{T}_2$，即 $\boldsymbol{T}_2$ 是由 $\boldsymbol{T}$ 转换而来的。这两类特征降维方法的着重点有所不同，应该按照需求选取。考虑到维度预测模型的输入特征会对预测效果产生直接影响，因此针对不同特征与维度的关联度不同以及特征间存在的相关性问题，本书采用将特征选择与特征抽取相结合的方法，不但要经过特征选择去除冗余、无关特征得到主要特征子集，而且要对主要特征子集进行抽取从而得到既可代表原始特征性能、特征间，又相互独立的最优特征子集。

2.8　语音情感识别网络

构建高效、合理的识别模型是语音情感识别的重要阶段，是语音情感识别的重中之重。理想的识别模型是基于模拟人脑语音情感处理机制而构建的，它通过对大量的训练语料进行学习并挖掘各类语音情感特征与情感状态之间的对应关系，从而实现对测试语料做出正确的情感判别。当前，成功应用于语音情感识别的模型主要有贝叶斯网络模型（Bayesian Network，BN）、隐马尔可夫模型、高斯混合模型、支持向量机、人工神经网络（Artificial Neural Network，ANN）和模糊认知图（Fuzzy Cognitive Map，FCM）等。表 2-4 对六种典型的识别算法的优缺点进行了比较。

表2-4　六种常用的识别算法的优缺点对比

名　称	优　点	缺　点
BN	结构简单、易操作	对数据样本量需求较大
HMM	考虑整个时间序列、表达能力强	只依赖单一状态及其对应的观察对象
GMM	对数据的拟合能力强	对训练数据的依赖性强、计算复杂度高
SVM	适用于小样本数据、泛化能力强	表征能力有限，其性能取决于核函数的选择
ANN	处理非线性连续时间自适应信息	算法收敛速度慢，易陷入局部最优解
FCM	基于心理学与人类认知机理	缺乏理论支撑，实验结果大多具有经验性

2.8.1　贝叶斯网络模型

贝叶斯网络模型是在贝叶斯定理的基础上通过条件概率标注得到的有向无环图。它是由节点和有向边构成的一种概率模型。该模型通过先验信息与数据样本信息的综合不仅有效地避免了单独使用先验信息造成的主观偏见，还避免了单独使用数据样本信息造成的噪声影响。图 2-14 为贝叶斯网络模型的基本结构。

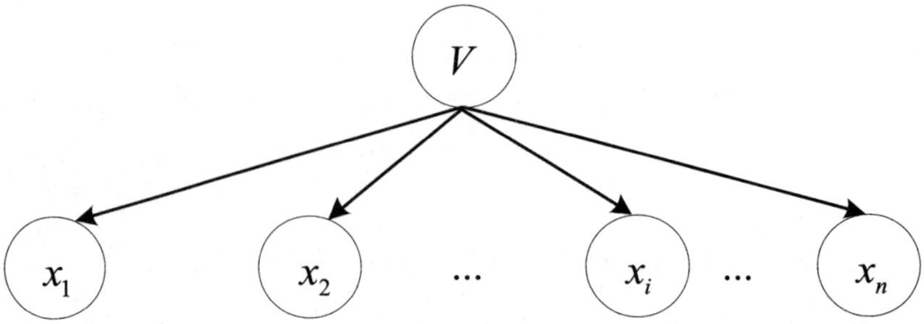

图 2–14　贝叶斯网络模型的基本结构

从图 2–14 中可以看出：对于一组变量集 $\boldsymbol{x}=\{x_1,x_2,\cdots,x_n,V\}$，其中，$V$ 表示类节点，x_i 表示特征节点。当特征节点 $(x_1,x_2,\cdots,x_n)$ 满足条件独立时，存在式（2–28）的等式关系。

$$P(x_1,x_2,\cdots,x_n|V)=\prod_{i=1}^{n}P(x_i|V) \tag{2–28}$$

由贝叶斯定理，可以推出的概率分布如式（2–29）所示。

$$P(x_1,x_2,\cdots,x_n,V)=P(V)\prod_{i=1}^{n}P(x_i|V) \tag{2–29}$$

贝叶斯网络推理的实质是依据特征节点来观测变量，从而获取类节点对应的后验概率。在贝叶斯定理及条件独立性的基础上，计算类节点 V 的后验概率如式（2–30）所示。

$$\begin{aligned}P(V|x_1,x_2,\cdots,x_n)=\frac{P(V,x_1,x_2,\cdots,x_n)}{P(x_1,x_2,\cdots,x_n)}=\\\frac{P(V)P(x_1,x_2,\cdots,x_n|V)}{P(x_1,x_2,\cdots,x_n)}=\frac{P(V)\prod_{i=1}^{n}P(x_i|V)}{P(x_1,x_2,\cdots,x_n)}\end{aligned} \tag{2–30}$$

2.8.2　隐马尔可夫模型

隐马尔可夫模型作为一种有向图模型被广泛用在时序数据建模中，如语音识别、情感识别、自然语言处理等。图 2–15 为一个标准的隐马尔可夫组成示意图，可以用一个五元组表示，如式（2–31）所示。

$$\lambda = (N, M, \boldsymbol{\pi}, \boldsymbol{A}, B) \tag{2-31}$$

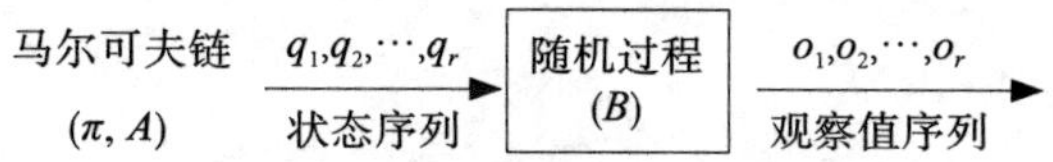

图 2-15　隐马尔可夫组成示意图

从图 2-15 中可以看出，HMM 由马尔可夫链和随机过程两部分组成，其中马尔可夫链是由初始状态概率矢量 $\boldsymbol{\pi}$ 和状态转移概率矩阵 $\boldsymbol{A}$ 描述用来产生状态序列：$q_1, q_2, \cdots, q_r$，其定义如式（2-32）和式（2-33）所示。

$$\boldsymbol{\pi} = (\pi_1, \pi_2, \cdots, \pi_N) \tag{2-32}$$

$$\boldsymbol{A} = (a_{ij})_{N \times M} \tag{2-33}$$

其中：N 为状态项目；M 为观察值数目；a_{ij} 表示状态之间的转移概率。

HMM 的另一部分随机过程是由概率矩阵 $\boldsymbol{B}$ 来产生观察值序列：$o_1, o_2, \cdots, o_r$，其定义式如式（2-34）所示。

$$\boldsymbol{B} = (b_{jk})_{N \times M} \tag{2-34}$$

隐马尔可夫模型建模过程需要解决的三个问题，分别是：

（1）计算概率：给定 $\lambda = (N, M, \boldsymbol{\pi}, \boldsymbol{A}, B)$ 时，有效地计算 $O = (o_1, o_2, \cdots, o_r)$ 对应的概率 $P(O|\lambda)$。

（2）确定最佳状态链：对于给定 $\lambda = (N, M, \boldsymbol{\pi}, \boldsymbol{A}, B)$ 和 $O = (o_1, o_2, \cdots, o_r)$ 时，准确地确定出最佳状态链。

（3）估计参数：在给定 $O = (o_1, o_2, \cdots, o_r)$ 时，通过调节模型 $\lambda = (\boldsymbol{\pi}, \boldsymbol{A}, B)$ 求取 $P(O|\lambda)$ 对应的最大值。

2.8.3　高斯混合模型

高斯混合模型是机器学习中较典型的监督学习方法。该模型的优点是通过对多个高斯概率密度函数进行加权求和得到的。图 2-16 为高斯混合模型的状态图。

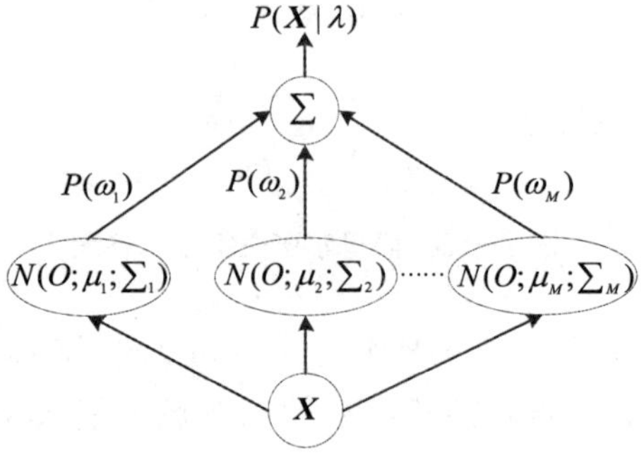

图 2-16　高斯混合模型状态图

根据图 2-16 的结构观测得出的 GMM 表达式如式（2-35）所示。

$$P(\boldsymbol{X}\mid\lambda)=\sum_{i=1}^{M}P(\omega_i)N(\boldsymbol{X};\mu_i;\sum\nolimits_i) \tag{2-35}$$

其中，$\boldsymbol{X}$ 表示 P 维观察向量，$P(\omega_i)$ 表示混合模型中各个成员相对应的权值，满足 $\sum_{i=1}^{M}P(\omega_i)=1$，$i=1,2,\cdots,M$，$N(\boldsymbol{X};\mu_i;\sum_i)$ 的定义如式（2-36）所示。

$$N(\boldsymbol{X};\mu_i;\sum\nolimits_i)=\frac{1}{(2\pi)^{P/2}\mid\sum_i\mid^{1/2}}\exp[\frac{1}{2}(\boldsymbol{X}-\mu_i)^T\sum\nolimits_i^{-1}(\boldsymbol{X}-\mu_i)] \tag{2-36}$$

式中：μ_i 表示平均矢量；$\sum_i$ 表示协方差矩阵，它们可通过参数估计获得。

2.8.4　支持向量机

支持向量机的核心是从线性可分的最优分类面中提出的。图 2-17 为最优分类面示意图，图中的黑色圆点和方形边框分别表示两类样本，中间的实线表示区分样本的分类超平面，两边的虚线表示与分类超平面距离最近的分类面，且分类面与分类超平面之间相互平行，虚线之间的距离称为分类间隔（Classification Margin）。SVM 可以分为线性 SVM 和非线性 SVM 两类。

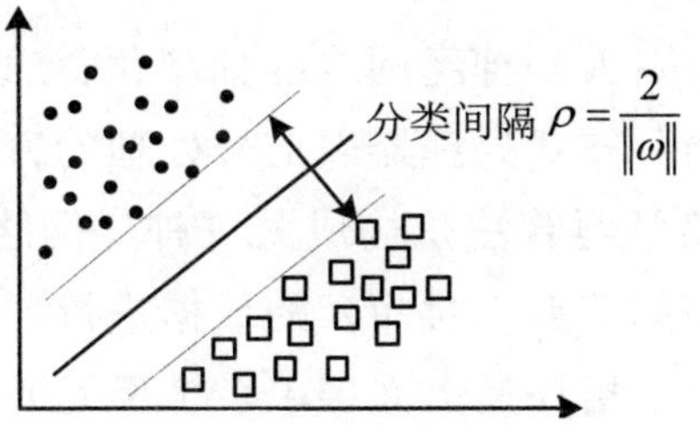

图 2–17　最优分类面示意图

针对线性可分的情况，SVM 使用的优化目标函数如式（2–37）所示。

$$\min\phi(\omega)=\frac{1}{2}\|w\|^2$$

$$s.t.\quad y_i\left[(\omega_i\bullet x_i)+b\right]-1\geqslant 0,\quad i=1,2,\cdots,n \tag{2–37}$$

针对非线性问题，SVM 的解决思路：将输入训练样本的低维空间向量通过非线性映射到高维空间从而实现线性可分，即在高维空间中求解对应的最优分类超平面。该方法的本质是实现从低维空间非线性分类到高维空间线性分类的转换。因为高维空间的运算中存在复杂度高和维数灾难的问题，引入核函数以实现从高维空间中的内积运算到低维空间中的函数运算的转换。SVM 中常用核函数的统计如表 2–5 所示。

表2–5　常用的核函数

名　称	定　义	参　数
线性核	$\kappa(x,x_i)=x\bullet x_i$	$i\geqslant 0$
多项式核	$\kappa(x,x_i)=((x\bullet x_i)+1)^d$	$d\geqslant 1$为多项式的次数
高斯核	$\kappa(x,x_i)=\exp\left(-\|x-x_i\|^2/\delta^2\right)$	$\delta>0$为高斯核的带宽
拉普拉斯核	$\kappa(x_i,x_j)=\exp(-\|x_i-x_j\|/\sigma)$	$\sigma>0$
Sigmoid 核	$\kappa(x,x_i)=tanh(\eta<x,x_i>+\theta)$	$tanh$为双曲正切函数，$\eta>0,\theta>0$

2.8.5 人工神经网络

人工神经网络是对人脑神经网络的抽象化，通过模拟人脑结构，ANN将包含大量神经元的分布式处理器以信号处理的方式进行互相连接。神经元、网络拓扑和网络学习算法是构成人工神经网络的三个重要组成部分。神经元相当于网络中的节点，对输入的数据进行加权求和，单个神经元代表一类函数输出；网络拓扑是由许多单个神经元通过两个网络连接起来的网状结构，常用的网络拓扑结构包括前馈型网络和反馈型网络；网络学习算法是根据提前设定好的度量标准对自身的权值参数进行调节，从而达到改善神经网络性能的目的。人工神经网络具有很强的容错能力、对信息的并行处理能力、自我适应、自我学习能力及良好的鲁棒性能，其在语音情感识别领域得到了广泛的应用。在语音情感识别中，一个单独的子神经网络可以代表一类情感，提取待测样本的情感特征参数，并将其输入各个子神经网络中，每个子神经网络是由多个输入和一个输出组成的，计算出输出参数，通过对比输出参数与子神经网络情感类别的相似程度，便可得知待测语音信号属于哪种情感类别。

人工神经网络对语音的识别过程如图 2-18 所示，该过程包括语音情感特征参数提取、人工神经网络的学习和计算两部分。

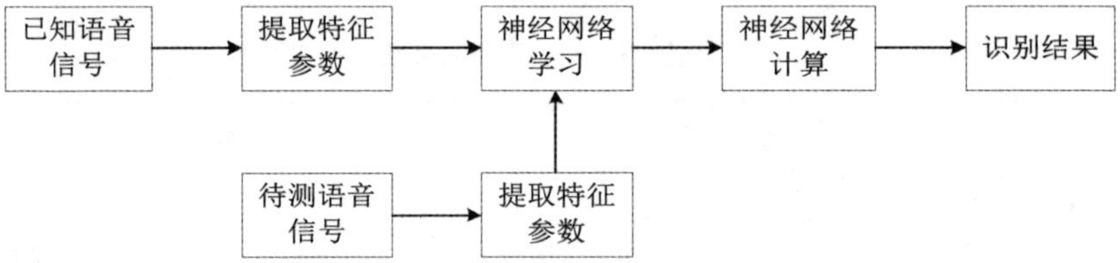

图 2-18　人工神经网络语音识别过程

2.8.6 模糊认知图

1. 基本理论

1986 年，Kosko 等在认知图（Cognitive Maps,CM）的基础上结合模糊集和神经网络理论提出了模糊认知图（Fuzzy Cognitive Map,FCM）的概念，它是分析复杂系统内相关变量动态行为的一种人工智能技术。FCM 的主要优点是结构简单、表达清晰、运行方便，其知识表达和推理能力更强。

FCM（图 2–19）是用图形的结构来表示因果关系的，所以 FCM 又称为带边权的模糊有向图，它包括节点和连接节点的有向边。节点表示概念，其实是从实际问题中抽象出来的一种状态，用来反映问题的属性、特征、质量等。有向边表示概念与概念之间的因果关系。

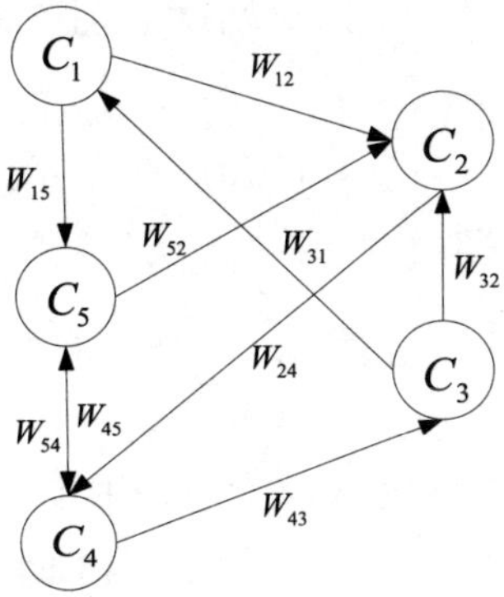

图 2–19　一个简单的 FCM

图 2–19 描述了一个带有 5 个结点和 9 条带边权的简单 FCM。其中节点 C 是概念，具有一定的状态值，状态值是 [–1,1] 区间上的模糊值，以表示概念状态存在的程度。概念 C_i 和 C_j 之间的因果关系由 $W_{i,j}$ 值表示（边权值），式（2–38）为三种类型的因果关系。

$$\begin{cases} W_{ij} > 0, & C_i\text{对}C_j\text{为正向因果关系} \\ W_{ij} < 0, & C_i\text{对}C_j\text{为负向因果关系} \\ W_{ij} = 0, & C_i\text{对}C_j\text{没有关系} \end{cases} \tag{2–38}$$

模糊认知图概念之间的权 W_{ij} 的集合可以由矩阵 $\boldsymbol{W}$ 来表示，式（2–39）为图 2–19 所描述的 FCM 的边权矩阵 $\boldsymbol{W}$。

$$\boldsymbol{W} = \begin{bmatrix} 0 & W_{12} & 0 & 0 & W_{15} \\ 0 & 0 & 0 & W_{24} & 0 \\ W_{31} & W_{32} & 0 & W_{34} & 0 \\ 0 & 0 & 0 & 0 & W_{45} \\ 0 & W_{52} & 0 & W_{54} & 0 \end{bmatrix} \tag{2–39}$$

2. 推理过程

FCM 是一个动态系统，是通过更新节点间的状态值和节点间的因果关系即权值来模拟系统的动态行为的。在 t 时刻，FCM 系统的状态可用一个向量函数来表示，如式（2–40）所示。

$$\boldsymbol{C}(t)=\left[C_1(t),C_2(t)...,C_n(t)\right] \quad (2\text{–}40)$$

其中，$C_1(t),C_2(t),\cdots,C_n(t)$ 分别表示 FCM 系统的 n 个节点在 t 时刻的状态值。则对于一个 FCM 系统，其初始状态值，即 $t=0$ 时，初始状态矢量 $\vec{C}(0)$ 的定义如式（2–41）所示。

$$\boldsymbol{C}(0)=\left[C_1(0),C_2(0),\cdots,C_n(0)\right] \quad (2\text{–}41)$$

节点状态值的更新是通过式（2–42）计算得到的。

$$C_j(t+1)=f(\sum_{\substack{i\neq j\\ i=1}}^{n}C_i(t)W_{ij}) \quad (2\text{–}42)$$

式（2–42）中：t 为第 t 次迭代（第 t 时刻）；$C_i(t)$ 为概念结点 C_i 在 t 时刻的状态值；$C_j(t+1)$ 为概念结点 C_j 在 t+1 时刻的状态值，W_{ij} 为在 t 时刻 C_i 对 C_j 的因果权值。$f(x)$ 为激活函数，它可以是 sigmoid 函数，双曲正切函数或是线性阈值函数。n 为特征序列长度。

当 $f(x)$ 选为线性函数时，即 $f(x)=1,x\in$ 任意值。则具有 n 个节点的 FCM 系统在 t+1 时刻的节点状态值可用式（2–43）表示。

$$\begin{aligned}C_j(t+1)&=(C_1(t+1),\cdots,C_n(t+1))\\&=(C_1(t),\cdots,C_n(t))\times W \quad (j=1,2,\cdots,n)\end{aligned} \quad (2\text{–}43)$$

经过有限次迭代，FCM 网络可达到以下两种状态：

（1）节点的状态值达到一个固定值，即所谓的隐藏模式或定点吸引子。

（2）节点状态值在多个固定状态值之间保持循环，这个称为有限循环。

当 FCM 达到（1）/（2）状态时，系统达到稳态 / 平衡状态。

2.8.7 模型评价标准

通常要采取适当的评价标准对模型的有效性进行评估。下面分别对离散和连续情感模型中的算法评价标准进行简述。

在离散情感模型中，采用未加权平均召回率（Unweighted Average

Recall, UAR）和加权平均召回率（Weighted Average Recall, WAR）作为算法的评价标准，可用式（2-44）和式（2-45）计算。

$$\mathrm{UAR} = \frac{1}{k}\sum_{i=1}^{k}\frac{N_c^{(i)}}{N_o^{(i)}} \tag{2-44}$$

$$\mathrm{WAR} = \frac{\sum_{i=1}^{k} N_c^{(i)}}{N} \tag{2-45}$$

其中：$N_c^{(i)}$ 表示第 i 类识别正确的样本数；N_o^i 表示第 i 类的样本总数；N 表示样本总数，k 表示待识别样本类别数。

加权平均召回率也称为正确识别率，表示某类别识别的正确率。但在某些情况下，正确识别率不能有效评价算法有效性。比如，某类样本只识别出一个而且识别正确，识别准确率达到 100%，但此时分类算法并不能有效识别出其他样本。因此，常常把未加权平均召回率作为辅助条件来评价算法的有效性。

在连续情感模型中，采用皮尔逊积矩相关系数（Pearson Product-moment Correlation Coefficient, CC）作为算法的评价标准，可用式（2-46）计算。

$$\mathrm{CC} = \frac{\sum_{i=1}^{N}(\hat{y}_i - \bar{\hat{y}})(y_i - \bar{y})}{\sqrt{\sum_{i=1}^{N}(\hat{y}_i - \bar{\hat{y}})^2 \sum_{i=1}^{N}(y_i - \bar{y})^2}} \tag{2-46}$$

其中：$\bar{y}$ 表示样本标签 $(y_1, y_2, \cdots, y_N)$ 的平均值；$\bar{\hat{y}}$ 表示算法预测标签 $(\hat{y}_1, \hat{y}_2, \cdots, \hat{y}_N)$ 的平均值；N 表示样本总数。相关系数用于度量向量 y 和 $\hat{y}$ 之间的相关关系，其数值正负分别表示正相关和负相关。

2.9　本章小结

本章从语音情感识别的基本理论出发，对语音情感识别的发展历程和实现原理进行了介绍，主要包括语音的产生、情感描述模型、语音情感数据库、语音情感识别系统组成、语音信号的预处理、语音情感的特征提取、语音情感识别网络、特征降维方法等，为后续章节内容的学习奠定了理论基础。

第 3 章　深度学习相关知识

近年来，机器学习迅速发展，从网络搜索推荐到社交网络的内容过滤，再到电商购物时的商品推荐，机器学习正以极快的速度渗透到人类的日常生活中。机器学习系统可以用于目标检测、同声传译、消息推送、信息筛选等。

传统的机器学习方法在处理原始形态的数据时存在很大的局限性，近几十年来，搭建一个模式识别或者机器学习系统并不容易。需要先在严谨的理论推导的基础上设计特征提取器，将原始数据信息转换成稳定的内部表示或者特征向量，然后将该特征表示作为子系统的输入，通常借助一个分类器来检测或者判断其分类。

机器学习的关键在于学习输入信息的特征表示，在给出原始的输入数据后自动地给出适应当前检测任务或者分类任务的特征，可以称之为表示学习。深度学习实质上是具有多重代表性的表示学习方法，通过组合简单而非线性的模块来获得特征表示，这些模块将一个层次的表示（从原始输入开始）转换成更高抽象层次的表示。有了足够的复合变换，就可以学习非常复杂的函数。对于分类任务来说，更高层次的表示会放大对识别任务重要的输入信息，并且抑制无关信息。

3.1　深度学习的发展历程

作为机器学习的一个分支，深度学习虽然在近十年才开始大放异彩，但是其历史可以追溯到 20 世纪。早期的深度学习模型可以看作从神经学引申出来的简单的线性模型。20 世纪 40 年代初期，受人脑构造的启发，

McCulloch 和 Pitts 提出了最早的神经网络模型，称为 McCulloch–Pitts 神经元。该神经元将一组长为 n 的输入 $x_1, x_2, \cdots, x_n$ 与输出 y 相关联，该模型希望学习一组权重 $w_1, w_2, \cdots, w_n$，计算 $f(x, w) = x_1 w_1 + x_2 w_2 + \cdots + x_n w_n$。Rosenblatt 等在此基础上提出了感知机模型，感知机可以看作具有单层计算单元的神经网络，由线性元件以及阈值元件构成，输出 $y = \text{sign}(x \cdot w + b)$，$\text{sign}(\cdot)$ 为阶跃函数，并且满足式（3–1）。

$$\text{sign}(x0) = \begin{cases} 1, x > 0 \\ 0, x \leqslant 0 \end{cases} \tag{3-1}$$

感知机可以看作一个简单的二分类器，它是第一个能根据各个类别的输入样本来学习权重的模型。虽然 McCulloch–Pitts 神经元结构和感知机模型的出现推动了深度学习的发展，但研究人员也很快发现了其局限性，1969 年，Marvin Minsky 等在研究中证实了感知机解决线性可分的问题十分有效，但是无法解决线性不可分问题，明确指出感知机无法通过异或函数进行学习。现实生活中很多亟待解决的问题都是非线性的，因而感知机的这一缺陷也限制了深度学习的进一步发展。20 世纪 80 年代，随着并行分布式处理的出现，研究人员以感知机的模型为参考，开始研究基于神经系统实现的认知模型。该模型的基本思想是，当神经网络将大量简单的计算单元连接在一起时可以执行非常复杂的行为。这一阶段出现了两个关键的概念：一个关键概念是分布式表示，由 Hinton 于 1986 年提出，他指出系统的每一个输入都可以由多个特征表示，每一个特征也应该与多个输入相关联；另一个关键概念是 Rumelhart 在同年提出的反向传播算法，该算法至今仍然是深度学习的主流训练方法。

进入 21 世纪，计算机技术不断发展，特别是云计算技术和高性能 GPU 的出现，使计算机的性能不断提升。互联网以及多媒体设备不断升级，大数据时代的浪潮来袭，获取海量数据的困难程度大大降低。这些都为深度学习的进一步发展清除了障碍。2006 年，Hinton 提出了深度信念网络，并且采用贪婪逐层训练的策略对深度信念网络进行有效训练。该策略随后被证实可以用于其他类型深度网络的训练，而且可以在一定程度上提高网络在测试样例上的泛化能力。在 2012 年举办的 ImageNet 大型视觉识别挑战赛（ISVRC）上，Krizhevsky Alex 设计的卷积神经网络 AlexNet 以 10% 的优势获得比赛第一名，令世界瞩目。深度学习也以此为起点，在全球范围内掀起新的浪潮。

3.2 深度学习的基本理论

深度学习可以看作一类神经网络模型的集合，这些模型的共性在于具有一个输入层、一个输出层以及若干个隐藏层，每个网络层都是由神经元组成的。单个神经元结构如图 3-1 所示。

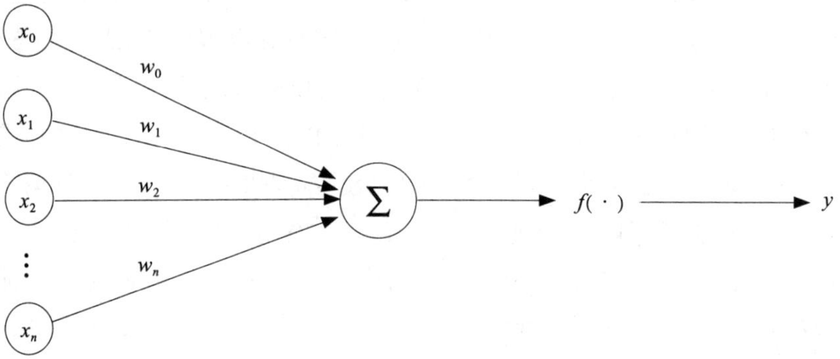

图 3-1　神经元结构示意图

它将输入信号加权求和，进行非线性映射后作为神经元输出，如式（3-2）所示。

$$y = f(\sum_{i=0}^{K} w_i x_i) = f(W^T X) \qquad (3-2)$$

非线性函数的作用是通过非线性映射，将输出限制在 0 ～ 1 范围内，通常也称为激励函数。常用的激励函数及其表达式如表 3-1 所示。

表3-1　常用激励函数

名　称	表达式	常用性质
sigmoid 函数	$f(x) = \frac{1}{1+e^{-x}}$	$f'(x) = f(x)(1-f(x))$

续　表

名　称	表达式	常用性质
tanh 函数	$f(x)=\frac{e^x-e^{-x}}{e^x+e^{-x}}$	$\tanh(x)=2\text{sigmoid}(2x)-1$
ReLU 函数	$f(x)=\max(0,x)$	$f'(x)=\begin{cases}1,x>0\\0,x\leqslant 0\end{cases}$

以 sigmoid 函数为例，神经元的输出可表示为式（3–3）。

$$y=\frac{1}{1+e^{W^TX}} \tag{3–3}$$

深度学习的目的是学习输入数据中的特征，使网络的输出 y 和目标输出 y_{target} 尽可能接近，通常使用两者的平方损失函数作为目标函数，或者称为损失函数。训练时就以最小化该函数为目标，进行参数的调整。深度学习中常借助随机梯度下降算法进行权重的调整，不断更新参数，直至损失函数达到最小值。和传统的梯度下降算法相比，随机梯度下降算法每次迭代仅随机选择一部分数据，而不是将所有数据均用于单次迭代，这样做不仅可以节省内存，还可以加快收敛至最优值。以式（3–3）表示的神经元为例，损失函数可以定义为式（3–4）。

$$E=\frac{1}{2}(y_{target}-y)^2=\frac{1}{2}\left[y_{target}-f(w^Tx)\right]^2 \tag{3–4}$$

该损失函数关于指定权重 w_i 的梯度可以表示为式（3–5）。

$$\frac{\alpha E}{\alpha w_i}-\frac{\alpha E}{\alpha y}\cdot\frac{\alpha y}{\alpha u}\cdot\frac{\alpha u}{\alpha w_i}=(y-y_{target})\cdot y(1-y)\cdot x_i \tag{3–5}$$

根据随机下降算法，权重的迭代表达式如式（3–6）所示，各个变量均为向量形式。

$$w^{new}=w^{old}-\eta\cdot\left[y-y_{target}\cdot y(1-y)\cdot x\right] \tag{3–6}$$

其中，$\eta>0$，为梯度下降的步长，决定了每次迭代权重衰减的大小。

最简单的神经网络包括一个输入层、一个隐藏层和一个输出层，其结构如图 3–2 所示。

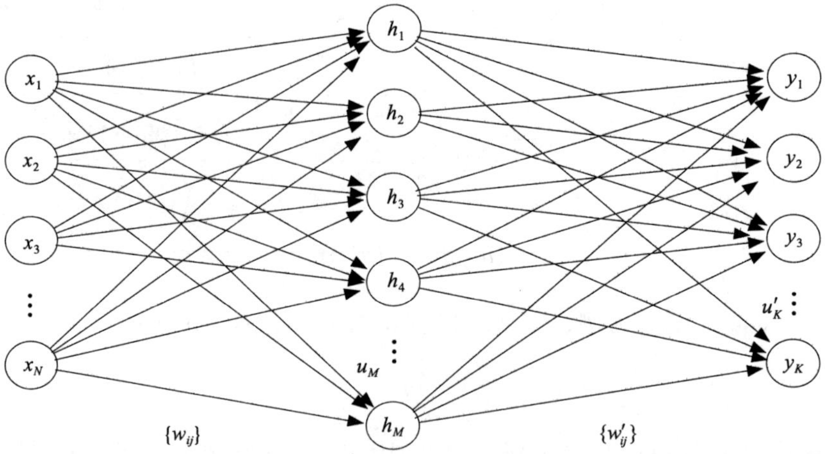

图 3-2　神经网络基本结构示意图

输入层包含 N 个神经单元，记为 $x=\{x_1,x_2,\cdots,x_N\}$；隐藏层包含 M 个神经单元，记为 $h=\{h_1,h_2,\cdots,h_M\}$；输出层包含 K 个神经单元，记为 $y=\{y_1,y_2,\cdots,y_K\}$。输入层单元 x_i 和隐藏层单元 h_j 以权重 w_{ij} 相连，隐藏层单元 h_i 和输出层单元 y_j 以权重 w'_{ij} 相连，可以将 w_{ij} 看作大小为 $N\times M$ 的权值矩阵 $\boldsymbol{W}$ 中的第 $(i,j)^{\text{th}}$ 个元素，同理 w'_{ij} 可以看作大小为 $M\times K$ 的权值矩阵 $\boldsymbol{W}'$ 中的第 $(i,j)^{\text{th}}$ 个元素。单个隐藏单元的输出可以表示为式（3-7）。

$$h_m=f(u_m)=f(\sum_{n=1}^{N}w_{nm}x_n) \tag{3-7}$$

单个输出单元的输出可以表示为式（3-8）。

$$y_k=f(u'_k)=f(\sum_{m=1}^{M}w'_{mk}h_m) \tag{3-8}$$

此时，整个神经网络的损失函数为式（3-9）。

$$E=\frac{1}{2}\sum_{k=1}^{K}(y_k-y_{\text{target}_k})^2 \tag{3-9}$$

与单个神经元的训练不同，神经网络的训练需要同时对 w_{ij} 和 w'_{ij} 进行更新，因此需要同时计算损失函数关于两种权重的偏导数，然后做出更新。先考虑隐藏层单元和输出层单元之间的权重更新。依据链式法则，损失函数关于 w'_{ij} 的偏导数如式（3-10）所示。

$$\frac{\alpha E}{\alpha w'_{ij}}=\frac{\alpha E}{\alpha y_j}\cdot\frac{\alpha y_j}{\alpha u'_j}\cdot\frac{\alpha u'_j}{\alpha w'_{ij}} \tag{3-10}$$

其中

$$\frac{\alpha E}{\alpha y_j}=y_j-y_{\text{target}_j} \tag{3-11}$$

$$\frac{\alpha y_j}{\alpha u'_j}=\frac{\alpha f(u'_j)}{\alpha u'_j}=f(u'_j)(1-f(u'_j))=y_j(1-y_j) \tag{3-12}$$

$$\frac{\alpha u'_j}{\alpha w'_{ij}}=\frac{\alpha(\sum_{m=1}^{M}w'_{mj}h_m)}{\alpha w'_{ij}}=h_j \tag{3-13}$$

可将式（3–10）简化为式（3–14）。

$$\frac{\alpha E}{\alpha w'_{ij}}=(y_j-y_{\text{target}_j})\cdot y_j(1-y_j)\cdot h_i \tag{3-14}$$

则 w'_{ij} 的更新公式可以表示为式（3–15）。

$$w'^{\text{new}}_{ij}=w'^{\text{old}}_{ij}-\eta\cdot(y_j-y_{\text{target}_j})\cdot y_j(1-y_j)\cdot h_i \tag{3-15}$$

随后考虑输入层单元和隐藏层单元的权重更新方法。同样依据链式法则，损失函数关于 w_{ij} 的偏导数如式（3–16）所示。

$$\frac{\alpha E}{\alpha w_{ij}}=\frac{\alpha E}{\alpha h_j}\cdot\frac{\alpha h_j}{\alpha u_j}\cdot\frac{\alpha u_j}{\alpha w_{ij}}=(\sum_{k=1}^{K}\frac{\alpha E}{\alpha y_k}\cdot\frac{\alpha y_k}{\alpha u'_k}\cdot\frac{\alpha u'_k}{\alpha h_j})\cdot\frac{\alpha h_j}{\alpha u_j}\cdot\frac{\alpha u_j}{\alpha w_{ij}} \tag{3-16}$$

式（3–16）较式（3–10）更为复杂，原因在于权重 w_{ij} 实际上也和各个输出层单元相关联，即

$$\frac{\alpha u'_k}{\alpha h_j}=\frac{\alpha(\sum_{m=1}^{M}w'_{mk}h_m)}{\alpha h_j}=w'_{jk} \tag{3-17}$$

$$\frac{\alpha h_j}{\alpha u_j}=h_j(1-h_j) \tag{3-18}$$

$$\frac{\alpha u_j}{\alpha w_{ij}}=\frac{\alpha(\sum_{n=1}^{N}w_{nj}x_n)}{\alpha w_{ij}}=x_i \tag{3-19}$$

又由式（3–11）和式（3–12）可知，$\frac{\alpha E}{\alpha y_k}\cdot\frac{\alpha y_k}{\alpha u'_k}=(y_k-y_{\text{target}_k})\cdot y_k(1-y_k)$，式（3–16）可以简化为式（3–20）。

$$w_{ij}^{\text{new}} = w_{ij}^{\text{old}} - \eta \cdot \sum_{k=1}^{K} [(y_k - y_{\text{target}_k}) \cdot y_k (1\text{-}y_k) \cdot w'_{jk}] \cdot h_j (1 - h_j) \cdot x_i \tag{3-20}$$

由于上述过程利用了网络输出层的预测误差，并且将该误差向输入层反向传播来更新权重，所以该权值更新算法又称为反向传播算法，即 BP 算法。借助随机梯度下降算法和反向传播算法，对神经网络进行训练，获取最优的权值，即可以得到当前网络对当前任务的最优解。利用训练网络所得到的参数模型即可以对新的输入层进行分析，获取其分类。

深度学习发展至今，涌现了包括卷积神经网络、循环神经网络等多种神经网络，下面主要介绍卷积神经网络和循环神经网络的基本结构以及实现原理。

3.2.1 卷积神经网络

卷积神经网络（Convolutional Neural Networks, CNN）是一种用于处理具有类似网络结构的数据的神经网络，常用于图像以及视频数据的处理，是近几年发展起来的一种高效的识别方法。20 世纪 50 年代，Hubel 和 Wiesel 在研究猫和猴子的视觉皮层时，发现每个小范围的视野均有单独神经元负责响应，单个神经元受视觉刺激所影响的空间区域被称为感受野，感受野的大小和位置在整个皮质上系统地变化，形成一个完整的视觉空间图。受此启发，1980 年 Fukushima 等提出了卷积神经网络的前身——认知机。20 世纪 90 年代，LeCun 等发表论文，提出了一种用于手写体识别的卷积神经网络 LeNet-5。卷积神经网络能够直接对原始图像进行处理，借助反向传播算法学习其有效表征，避免了繁复的预处理以及人工设计特征提取的工作。然而，由于当时计算机性能不足以及大规模数据集的匮乏，LeNet-5 对复杂问题的处理结果并不理想。直至 2012 年 Krizhevsky 等提出了经典的卷积神经网络 AlexNet，并在图像识别任务上取得了重大突破，也为后续卷积神经网络设定了基本的网络模型，基本结构如图 3-3 所示。

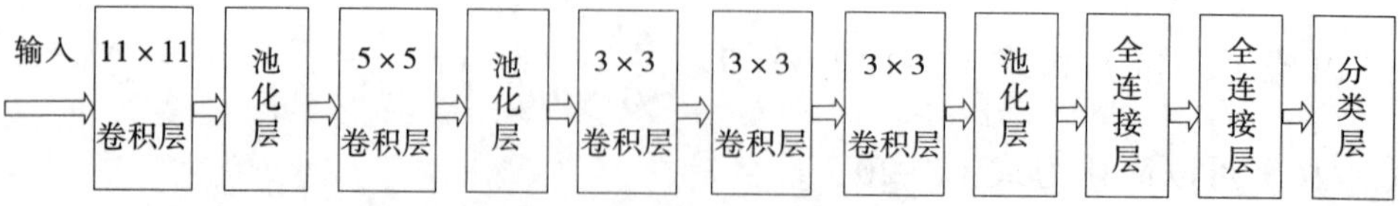

图 3-3　AlexNet 网络模型结构

由 AlexNet 的网络模型可以看出，卷积神经网络主要由卷积层、池化层、全连接层以及分类层构成。

1. 卷积层

卷积层是 CNN 的核心组件，利用多个卷积核对输入的图像进行卷积滤波来提取图像不同角度的特征，并将卷积输出作为特征图（Feature Map）。所以，第 l 层卷积层的输入为第 $l-1$ 层的输出特征图。

假设输入图片 X 的大小维度为 $M \times N$，卷积核 W 的大小维度为 $I \times J$，偏置大小为 b，激活函数为 f，输出是维度大小 $M \times N$ 的特征图 y，则 CNN 的卷积操作如式（3-21）所示。

$$y_{m\times n} = f(\sum_{j=0}^{j-1}\sum_{i=0}^{i-1} x_{m+i,n+j} w_{ij} + b),(0 << m < M, 0 << n < N) \tag{3-21}$$

通常一层卷积层有多个卷积核，从而得到多个特征图。而卷积核的大小也决定了卷积神经网络的感受视野，即卷积神经网络每一层输出的特征图上的像素点在原始图像上映射的区域大小。所以，一般卷积核的大小选择比较小，这样能够看到更多的重叠区间，更好地保留局部特性，也降低了网络的计算量。

2. 池化层

经过卷积层提取到的特征一般都会有冗余，所以通过池化层对卷积层输出的特征图进行下采样，合并冗余，提取更有效的特征，也可以降低维度，减少计算量，进一步防止过拟合。所以，池化层也称为下采样层。

池化层一般包含平均池化（Average Pooling）和最大池化（Max Pooling）。平均池化是指卷积层输出的特征图中每个池的平均值，映射到池化层输出的一个像素单元；最大池化是指卷积层输出的特征图中每个池的最大值，映射到池化输出的一个像素单元。

3. 全连接层和分类层

通常 CNN 网络在经过多个卷积层和池化层后，需要加上全连接层。因为卷积层和池化层的作用可以看成提取特征，而全连接层是起决策分类器的作用。但是，这也会带来一个问题，即全连接层的参数较多，容易造成过拟合。所以，在训练的过程中需要以一定的概率使一部分神经元失活（Dropout），从而大大减少训练参数，有效降低过拟合。

其中，Dropout 是指随机让网络某一些节点不工作，输出值为 0，这样能够避免一些特征只会在固定组合才能有效。

分类层用于完成对输入的分类，常用的分类层为 *soft*max 层，输出为当前输入对应的各个类别的概率分布。

目前常用的卷积神经网络模型主要包括 AlexNet、VGG、GoogLeNet、ResNet、C3D、Faster-RCNN 等。卷积神经网络模型正不断在深度和广度上进行扩展，图 3-4 对卷积神经网络模型的发展变迁进行了简单的概括。

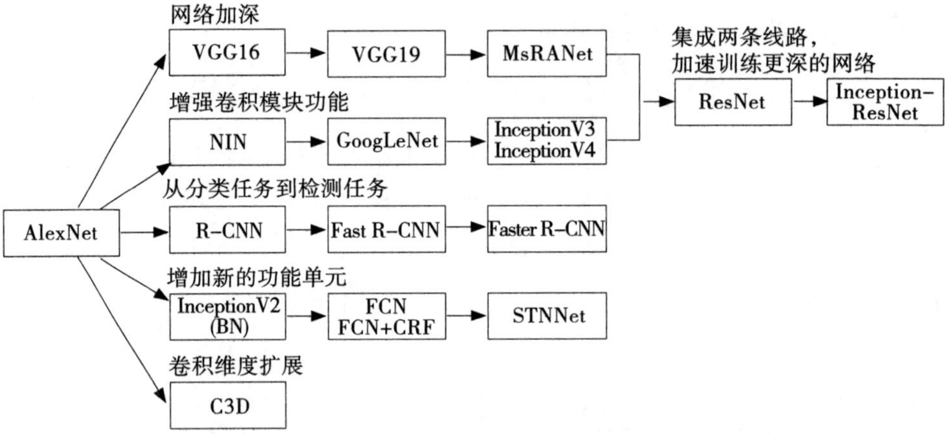

图 3-4　卷积神经网络模型的发展变迁

3.2.2　循环神经网络

传统的神经网络通常假设所有的输入信号彼此独立，互不关联。虽然该假设可以简化神经网络的设计，但是对很多任务实际上是不成立的。比如，在预测一句话中的某个单词时，只有对前面的单词有所了解，才能做出比较合理的判断。循环神经网络（Recurrent Neural Network, RNN）可以很好地解决此类问题，其核心思想在于利用数据的序列信息。之所以称为“循环”，是因为网络实际上对序列中的每一个元素执行相同的任务，当前输出依赖前面元素的计算输出。换一个角度看，可以认为循环神经网络具有“记忆”功能，能捕获到目前为止计算过的所有信息。理论上，循环神经网络可以获取任意长序列的信息，但在实际操作中会受到诸多原因的限制。

图 3-5 为一个典型的循环神经网络的基本结构，该网络含有一个输入层、一个输出层以及一个隐藏层。图中右半部分表示该网络展开后的计算图，其中每个时间点均有输出，并且各个隐藏层单元之间有循环的连接。

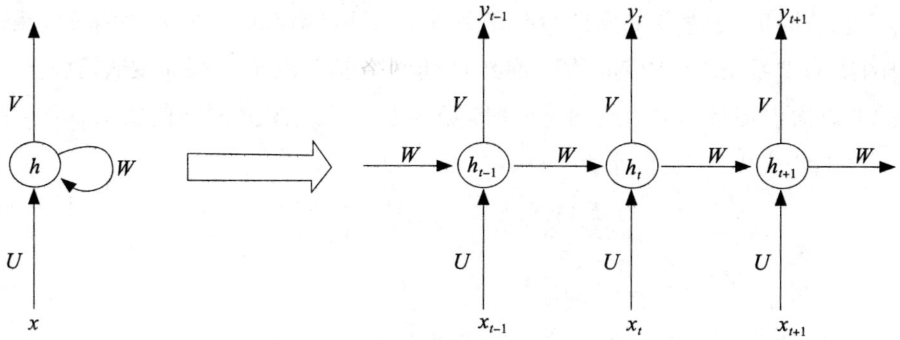

图 3-5 循环神经网络基本结构

x_t 表示第 t 个时间点的输入，需要注意的是此处的时间点 t 并不特指现实中的时间，有时它仅表示在序列中的位置。比如，x_1 可能表示在某个句子中第二个词语的 one-hot 编码。h_t 表示第 t 个时间点的隐藏层状态，其计算依赖之前时间点的隐藏单元的状态值以及当前时间点的输入，计算表达式如式（3-22）所示。

$$h_t = f(Ux_t + Wh_{t-1}) \tag{3-22}$$

式（3-22）中，函数 $f(\cdot)$ 通常表示一个激励函数，如双曲正切函数、ReLU 函数等。为后面分析方便，假设适用双曲正切函数，即 $f(u) = \dfrac{e^u - e^{-u}}{e^u + e^{-u}}$。$U$ 和 W 分别表示输入层和隐藏层待学习的参数。为了使式（3-22）在 $t = 0$ 时间点有效，通常假设 h_{-1} 为零值。o_t 表示第 t 个时间点网络的输出，以预测词语或者字符为例，可以将输出表示为一个向量，向量中的每个元素对应字典中每个词语可能出现的概率，如式（3-23）所示。

$$y_t = soft\max(Vh_t) \tag{3-23}$$

式（3-23）中，V 对应隐藏层到输出层的连接权重，此处可以将 $soft\max(\cdot)$ 看作一个多分类器，并且满足 $soft\max(x)_i = \dfrac{\exp(x_i)}{\sum_{j=0}^{n}\exp(x_j)}$。和传统

深度学习网络不同的是，循环神经网络在所有的时间点上共享参数，不同时间点的 U， V， W 参数均相同。这个特性大大减少了网络训练时需要学习的参数的个数，减少了内存的消耗。

由于循环神经网络在计算当前时间点输出时除了需要当前输入外，还需要之前时间点的隐藏层信息作为参考，所以网络训练时采用的算法和之前的反向传播算法有一定的区别，将其称为基于时间的反向传播算法，即 BPTT 算法。以图 3–5 所示的循环神经网络为例，定义网络的损失函数如式（3–24）和式（3–25）所示。

$$E_t(y_t y_{\text{target}_t}) = -y_{\text{target}_t} \log y_t \tag{3–24}$$

$$E(y, y_{\text{target}}) = \sum_t^T E(y, y_{\text{target}}) = -\sum_t^T y_{\text{target}_t} \log y_t \tag{3–25}$$

在训练过程中要依据梯度的变化来优化三个参数 U， V， W，即需求出 $\frac{\alpha E}{\alpha U}$， $\frac{\alpha E}{\alpha V}$， $\frac{\alpha E}{\alpha W}$ 的值。由式（3–25）可知，要计算总损失函数的偏导，只需要对每个时刻的损失函数的偏导数进行求和即可，计算过程分为三步。

1. 计算 $\frac{\alpha E}{\alpha V}$

由式（3–23）和式（3–24）可知， E_t 是关于 V 的复合函数，参考符合矩阵的求导法则，可以得到式（3–26）。

$$\frac{\alpha E_t}{\alpha V_{ij}} = tr(\frac{\alpha E_t}{\alpha z_t})^{\mathrm{T}} \cdot \frac{\alpha z_t}{\alpha V_{ij}} = tr((y_t - y_{\text{target}_t})^{\mathrm{T}} \cdot \begin{bmatrix} 0 \\ \vdots \\ \frac{\alpha z_t^{(i)}}{\alpha V_{ij}} \\ \vdots \\ 0 \end{bmatrix}) = (y_t - y_{\text{target}_t})^{(i)} h_t^{(j)} \tag{3–26}$$

其中， $z_t = Vh_t$， $(y_t - y_{\text{target}_t})^{(i)}$ 表示残差向量的第 i 个分量， $h_t^{(i)}$ 表示 h_t 的第 j 个分量。上述结果可以改写为式（3–27）。

$$\frac{\alpha E_t}{\alpha V} = (y_t - y_{\text{target}_t}) \otimes h_t \tag{3–27}$$

式（3–27）中，$\otimes$表示向量外积，损失函数关于V的偏导可以表示为式（3–28）。

$$\frac{\alpha E}{\alpha V}=\sum_{t=0}^{T}(y_t-y_{\text{target}_t})\otimes h_t \tag{3–28}$$

2. 计算 $\frac{\alpha E}{\alpha U}$

由于各个时间点的参数U是共享的，所以t之前每个时刻U的变化都对E_t产生了影响，求偏导数时考虑这一点可以得到式（3–29）。

$$\frac{\alpha E_t}{\alpha U_{ij}}=\sum_{k=0}^{t}tr[(\frac{\alpha E_t}{\alpha s_k})^T\frac{\alpha s_k}{\alpha U_{ij}}]=\sum_{k=0}^{t}tr[(\delta_k)^T\frac{\alpha s_k}{\alpha U_{ij}}] \tag{3–29}$$

式（3–29）中，$s_t=Wx_t+Uh_{t-1}$，表示第t个时间点隐藏层的输入，应用链式法则，可以得到式（3–30）和式（3–31）。

$$\delta_k=\frac{\alpha E_t}{\alpha s_t}=\frac{\alpha h_k}{\alpha s_k}\frac{\alpha s_{k+1}}{\alpha h_k}\frac{\alpha E_t}{\alpha s_{k+1}}=(U^T\delta_{k+1})\otimes(1-h_k\otimes h_k) \tag{3–30}$$

$$\delta_t=\frac{\alpha E_t}{\alpha s_t}=\frac{\alpha h_t}{\alpha s_t}\frac{\alpha z_t}{\alpha h_t}\frac{\alpha E_t}{\alpha z_t}=(V^T(y_t-y_{\text{target}_t}))\otimes(1-h_t\otimes h_t) \tag{3–31}$$

借助式（3–30）和式（3–31）可以往前推出每个时刻的δ，将$\delta_0,\cdots,\delta_t$代入式（3–29）可以得到$\frac{\alpha E_t}{\alpha U_{ij}}=\sum_{k=0}^{t}\delta_k^{(i)}h_{k-1}^{(j)}$，写成矩阵形式，即$\frac{\alpha E_t}{\alpha U}=\sum_{k=0}^{t}\delta_k\otimes h_{k-1}$，则损失函数关于$U$的偏导可以表示为式（3–32）。

$$\frac{\alpha E}{\alpha U}=\sum_{t=0}^{T}\sum_{k=0}^{t}\delta_k\otimes h_{k-1} \tag{3–32}$$

3. 计算 $\frac{\alpha E}{\alpha W}$

损失函数关于W的偏导数计算方法和$\frac{\alpha E}{\alpha U}$计算方法一致，如式（3–33）所示。

$$\frac{\alpha E}{\alpha W}=\sum_{t=0}^{T}\sum_{k=0}^{t}\delta_k\otimes x_k \tag{3–33}$$

借助前三个步骤中计算得出的$\frac{\alpha E}{\alpha U}$，$\frac{\alpha E}{\alpha V}$，$\frac{\alpha E}{\alpha W}$值，可以用梯度下降算法对各个参数进行更新，得到式（3–34）、式（3–35）和式（3–36）。

$$V^{\text{new}} = V^{\text{old}} - \lambda \sum_{t=0}^{T} (y_t - y_{\text{target}_t}) \otimes h_t \tag{3-34}$$

$$U^{\text{new}} = U_{\text{old}} - \lambda \sum_{t=0}^{T} \sum_{k=0}^{t} \delta_k \otimes h_{k-1} \tag{3-35}$$

$$W^{\text{new}} = W_{\text{old}} - \lambda \sum_{t=0}^{T} \sum_{k=0}^{t} \delta_k \otimes x_k \tag{3-36}$$

在网络训练过程中，当三个参数的值均趋于稳定时，可以看作此时训练已经收敛至局部最优值，即可以结束当前训练。自循环神经网络出现至今出现了许多改进算法，目前常用的循环神经网络包括 LSTM、GRU 等，主要用于语音信号、文本等序列信息的分析。循环神经网络不是本书的重点，所以不再详细介绍了。

3.3　深度学习的常用神经网络

随着深度学习的迅速发展，除了在理论方面的不断扩充之外，也出现了各种深度学习的神经网络。这些网络框架不仅可以将深度学习理论迅速转换成代码实现，验证理论的可靠性，还可以将其应用到实际的系统中，推动深度学习算法的应用。常用的深度学习神经网络框架如图 3-6 所示。

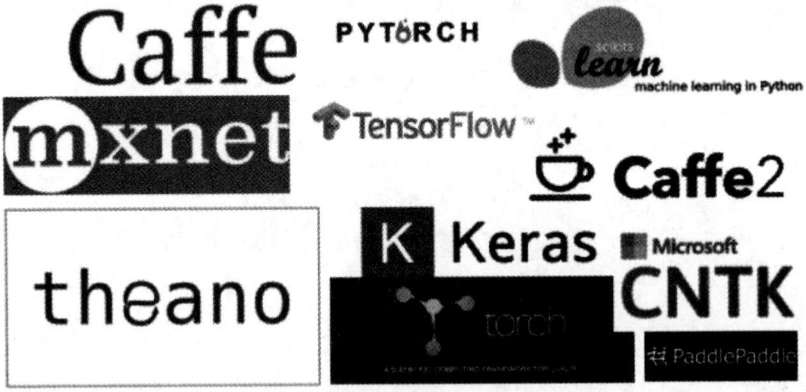

图 3-6　常用深度学习神经网络框架

下面主要介绍包括 Caffe、TensorFlow、Keras、MXNet、MobileNet 和 ResNet 在内的六种深度学习神经网络。

3.3.1　Caffe

Caffe 是由伯克利视觉和学习中心（BVLC）开发的基于 C++/CUDA/Python 实现的卷积神经网络框架，贾扬清在加州大学伯克利分校攻读博士学位期间创建了该项目。Caffe 是较早实现开源的框架之一，在国内外均有较多的社区，同时提供面向命令行、Matlab 和 Python 绑定的接口。Caffe 是以表达式、速度和模块化为核心的深度学习框架，具有以下特点：

（1）模型的定义和优化算法均可通过配置文件来定义，不需要硬编码。通过简单的参数设置在 GPU 和 CPU 之间切换。利用 GPU 进行模型训练后，可将其部署到集群或者移动设备上。

（2）代码具有可扩展性。在 Caffe 开源的第一年内，达到了被 1 000 多名开发者分享的纪录，并且收到了许多有意义的贡献以及反馈，使框架可以跟踪当前的最新技术。

（3）由于利用了 MKL、OpenBLAS、cuBLAS 等计算库，Caffe 具有运行速度较快的特点，适合用于实验研究。官方数据表明，Caffe 在单个 K40 上每天能处理 6 千万张图片，识别速度约为 1 毫秒 / 张，训练速度约为 4 毫秒 / 张。目前 Caffe 已经推出了新的版本 Caffe2，二代 Caffe 沿袭了 Caffe 的设计，同时解决了多年来在使用和部署中发现的“瓶颈”问题。由于 Caffe 实现了卷积神经网络的架构，而且处理速度快，使其适合用作特征提取，尤其是二维图像数据。Caffe 是目前最常用的处理图像数据的深度学习框架。

3.3.2　TensorFlow

TensorFlow 是谷歌于 2015 年开源的第二代人工智能深度学习系统。它是一个异构分布式系统上的大规模机器学习框架，具有强大可移植性，支持移动设备和大规模集群的部署。TensorFlow 最初由 Google 大脑小组的研究员和工程师们开发出来，用于机器学习和深度神经网络方面的研究，但这个系统的通用性使其也可广泛用于其他计算领域。与 Caffe 相比，TensorFlow 能支持包括循环神经网络在内的其他神经网络，具有以下三个主要特点：

（1）由于 TensorFlow 是基于数据流图实现的深度学习框架，因而具有高度的灵活性，只要计算可以表示为数据流图的形式，均可以利用该框架实现。也可以在现有的框架基础上自己定义上层库，且不用担心性能损耗。

（2）机器学习中的很多算法都用到了梯度，TensorFlow 具有自动求微分的能力，简化了实现过程。只需要定义预测模型的结构，将这个结构和目标函数结合在一起，并添加数据，TensorFlow 将自动计算相关的微分导数。

（3）TensorFlow 具有非常详细的官方介绍文档，利用官方文档可以轻松入门。该框架也在不断优化之中，截至今日已经发行至 2.1.0 版本，成为近年来最活跃的深度学习框架。

3.3.3 Keras

Keras 是一个高级神经网络 API，它完全基于 Python 实现，并且可以选择 TensorFlow、Theano 以及 CNTK 作为其后端支持。Keras 是为快速实验而生的，可以将想法迅速转换为结果。和 TensorFlow 一样，Keras 可以同时支持卷积神经网络以及循环神经网络的实现，而且可以轻松实现多种神经网络的结合。它具有以下几个主要特点：

（1）Keras 提供了非常简洁且具有一致性的 API，能够在很大程度上减少一般应用下的用户工作量。框架同时提供错误反馈渠道，帮助解决用户在使用框架时遇到的各种问题。

（2）Keras 是具有高度模块化的框架，提供了一系列预定义网络层、损失函数、优化器、初始化策略、激活函数、正则化方法等独立模块，按照需求将各个模块自由组合就可以轻松构建模型。

（3）依据现有的模块可以轻松编写新的类或函数来添加新的模块。Keras 没有单独的模型配置文件类型，模型由 Python 代码描述，使其更紧凑和更易纠错，并提供了扩展的便利性。

Keras 最大的特点在于人性化的设计，高度模块化以及可扩充性强，非常适于实验验证新的想法。

3.3.4 MXNet

MXNet 是亚马逊选择的深度学习库，它采用了和 TensorFlow 类似的数据流图结构，旨在兼顾深度学习框架的效率以及灵活性。MXNet 具有如下特点：

（1）MXNet 同时支持命令式编程和声明式编程模式，在前一种模式中支持张量运算，在后一种模式中支持符号表达式，因而同时具备两种编程模式的优点。

（2）MXNet 提供了分布式的键值对存储来实现数据交换，提供 Push 函数和 Pull 函数。其中，Push 函数用于将键值对从一个设备推入存储单元，Pull 函数用于将某个键中存储的值推出。

（3）MXNet 的核心使用 C++ 实现，并提供 C 风格的头文件，具有可移植性。除了支持 Python 外，框架还增加了 Java、R 语言、C++ 等主流编程语言的接口。

MXNet 正处于发展阶段，是目前学习门槛较大的一种深度学习框架。但是它对分布式具有非常好的支持，而且灵活性强，性能优越，如果从高性能角度考虑，那么 MXNet 是最佳的选择。

3.3.5 MobileNet

MobileNet V1 是 Andrew G. Howard（Google Inc.） 等 于 2017 年在 *MobileNets: Efficient Convolutional Neural Networks for Mobile Vision Applications* 中提出的一种网络结构，这种网络结构的特点是模型小、计算速度快，适合部署到移动端或者嵌入式系统中。MobileNet V1 的关键是用深度可分离卷积（Depthwise Separable Convolutions）替代了传统的卷积操作。目前，Google 已经推出了最新的 MobileNet V3 版本。

3.3.6 ResNet

ResNet（Residual Neural Network）由微软研究院的 Kaiming He 等四名华人提出，通过使用 ResNet Unit 成功训练出了 152 层的神经网络，并在 ILSVRC2015 比赛中取得冠军，在 top5 上的错误率为 3.57%，效果非常突出。ResNet 的结构可以极快地加速神经网络的训练，模型的准确率也有比较大的提升。同时，ResNet 的推广性非常好。

ResNet 提出了残差学习的思想。传统的卷积网络或者全连接网络在信息传递的时候或多或少会存在信息丢失、损耗等问题，还会导致梯度消失或者梯度爆炸，致使很深的网络无法训练。ResNet 在一定程度上解决了这个问题，通过直接将输入信息绕道传到输出，保护信息的完整性，整个网络只需要学习输入、输出差别的那一部分，简化了学习目标和难度。

3.4 本章小结

本章从深度学习的基本理论出发，对深度学习的发展历程和实现原理进行了介绍，包括梯度下降算法以及反向传播算法等。随后详细介绍了两种主流的神经网络：卷积神经网络和循环神经网络。卷积神经网络详细介绍了其基本结构以及各层的主要作用，循环神经网络详细介绍了其基本结构和实现原理，包括基于时间的反向传播算法。最后介绍了目前主流的几种深度学习神经网络，包括网络的特点、适用范围等。本书中主要的研究对象为语音情感识别技术，涉及的神经网络为卷积神经网络，从网络的兼容性和便捷性出发，主要选用 MobileNet 和 ResNet 两种深度学习神经网络进行实验。

第 4 章　基于 Chebyshev-PCA 优化的移动应用语音情感识别

随着信息技术的高速发展，人类与计算机之间的关系日益密切，如何实现移动应用的拟人化，使其能感知对象的态度、情感等内容受到人们越来越多的关注。在与移动通信应用平台交互时语音表达方式更加直接便捷，不但可以传达文字信息，而且可以传达情感信息。但是在正常的语音交流过程中，由于语音信号受到不同类型的背景噪声干扰，语音信息的清晰度会减低，成为带噪语音。因此，本章的主要研究目的是从带噪语音中去除噪声成分来明确语音信号的原始信息，并提高移动应用的情感分析能力。

当前，语音增强是去除噪声且可以估计语音信号所携信息的主要方式。关于语音增强的研究不断发展：LI H 等证明基于稀疏模型的语音增强算法可以有效减少非平稳噪声的干扰，并且在语音增强和源分离方面效果良好[24]；Mowlaee P 等提出了一种结合非均匀相位分布假设和最大后验幅度的相位估计器（ijMAP），实验结果表明该方法能够有效地从带噪语音中恢复纯净语音的幅度和相位[25]；Maly A 等应用信噪比相关方法确定相位谱上的补偿量，修正带噪语音的相位谱，与谱减法结合后在不同信噪比下的性能优于传统语音增强方法[26]；周伟力等提出了一种基于自适应逼近残差的稀疏表示语音降噪方法[27]；Xu Y 等提出了一种基于回归深度神经网络的语音增强方法，通过对大数据特征集进行训练来建立从带噪语音到纯净语音的映射，但只是将对数频率谱进行纯数字拟合，没有融合与听觉有关的特征，导致估计出的增强语音整体的听感不是那么连续[28]。以上内容均是针对语音信号所包含文本信息的清晰度进行研究，实际上语音信号不仅包含文本信息，还包含丰富的情感信息，因此对现实场景中带噪语音的情感判断也具有重要意义。

本章提出采用切比雪夫低通滤波器对带噪语音情感进行降噪处理，并对降噪语音提取情感特征，然后由主成分分析法提取情感特征的主成分，并设计对比实验，实验结果表明本章提出的方法可以提高对语音情感的识别能力。

4.1 语音信号和噪声信号的特征

4.1.1 语音信号的特征

语音信号是语言的物质外壳，是语言符号系统的载体。空气通过舌、腭、咽、齿、唇、下颌等进入肺部，当空气被释放时声带会振动产生声音，声音再经过各个发音器官的调节，最终形成语音。语音的差异是由声带和气体的多少共同决定的，它具有以下特征。

（1）短时间稳定。语音信号是一种非平稳的时变信号，但因为人类在说话的时候，发音速度的改变是相对较慢的，器官会做惯性运动，所以可以把语音信号频谱特征看成稳定不变的。

（2）信号可以分为清音、浊音、爆破音。

清音：当空气经过声带时，声带完全舒展，气流高速冲过时产生湍流，当声带的横截面积与空气速度之比小于临界值时，就产生了清音。因为人们在发出清音时声带不产生振动，所以清音没有周期性。

浊音：当空气经过声带时，如果声带紧绷，就会在气流的作用下做周期性动作，造成周期性的激发气流，所以在语言学中，将声带振动产生的声音称为浊音。浊音包括所有的元音和一些辅音，发浊音时声带的不断开启和关闭将产生间歇的脉冲波，所以浊音具有周期性。

爆破音：发音器官在口腔中先形成阻碍，然后气流迅速冲破阻碍而发出的声音。

（3）语音信号的统计特性。声音信号的特点决定了在时域上可以提取的特征不是很多，比较常见的特征是语音信号的幅度值、相位值和能量值等，因此可以用波形振幅的概率密度函数来表示语音信号。波形振幅概率密度函数的计算方法是先对带噪声语音信号进行取样，得到其幅度值的直方图，然后根据直方图计算得到最终的概率密度函数。

4.1.2　噪声信号的特性

噪声是指干扰人们理解语音信号的声音，即语音信号中的无用成分，严重的噪声信号会造成语音信号的失真，使信息无法正常传递。噪声的种类有很多，在统计理论上可以分为两类：

（1）非平稳噪声。信号的统计特性随着时间的变化发生变化，这种噪声信号为非平稳噪声。

（2）平稳噪声。噪声信号的统计特征不会随着时间的变化而变化，这种噪声信号为平稳噪声。

根据噪声对信号的作用形式，还可以把噪声分为加性噪声和乘性噪声。在实际信号分析中可以通过一些变换方法将乘性噪声转变为加性噪声，加性噪声的种类有很多，主要可以分为下面 4 类：

（1）起伏噪声。起伏噪声通常是指内部噪声，主要由语音信号发生器件产生，通常它是不可避免的。起伏噪声的特点是频带很宽，对语音信号的影响比较大，是一种应当重点关注的语音噪声。

（2）脉冲噪声。脉冲噪声是在通信中出现的离散型噪声的统称，由持续时间短和幅度大的不规则脉冲组成。从频谱上看，它通常具有较宽的频谱，但随着频率的增加，频谱会变得越来越小，一般采用滤波器去除这种类型的噪声。

（3）带宽噪声。带宽噪声可以认为是在一定范围内，各个频率都有声波能量的一种噪声。带宽噪声的特点是信号和能量都是重叠在一起的，这使它很难消除，用传统语音去噪方法效果会比较差。

（4）缓变噪声。在公共场合打电话时，四周的人发出的噪声被称为缓变噪声。缓变噪声会随着时间的变化而变化，所以它的统计特征是不稳定的。

4.2　传统语音去噪方法概述

语音信号去噪方法大致可以分为两类，即传统语音去噪方法、基于深度学习的语音去噪方法。传统的语音去噪方法有很多，如谱减法、小波变换算法、子空间算法以及最小均方误差法等。

4.2.1 谱减法

谱减法（Spectral Subtraction）是美国的 Boll 最先提出并运用在语音去噪方法中的。谱减法以噪声信号和干净语音信号具有统计无关性为前提。先计算出带噪声语音信号功率谱，然后将其与噪声信号功率谱相减，从而获得干净语音信号功率谱，最后经过傅里叶反变换得到去噪后的语音信号。它的优点在于算法比较简单，运算速度较快；缺点是去噪后的语音信号中可能出现新的“音乐噪声”。

4.2.2 小波变换法

小波变换法是一种多尺度的信号分析方法，是分析时频信号最有效的工具，克服了传统傅里叶变换固定分辨率的缺点。小波变换就是由同一母函数伸缩和平移后得到的一组系列函数，它还可以分析语音信号的细节部分。

阈值去噪是最常见的一种基于小波理论的语音去噪方法，若要从带噪声的语音信号中分离出纯净的语音信号，大致可以分为以下三个阶段：

（1）正交小波变换。选取合适的小波基，然后进行小波变换，得到小波分解系数。

（2）小波系数处理。对分解后的小波进行阈值处理，得到原始信号小波系数的估计值。

（3）小波重构。将经过阈值处理的小波系数进行信号重构，得到语音信号的估计值。

小波变换去噪框图如图 4-1 所示。

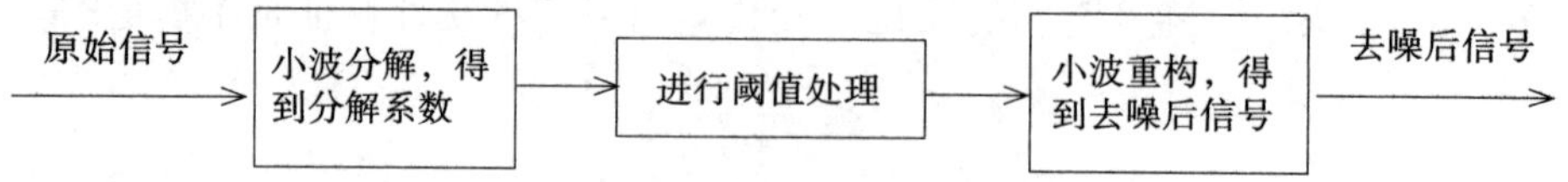

图 4-1　小波变换去噪框图

小波变换法对语音信号去噪有良好的效果，它实现简单、计算量小，得到了广泛的应用。小波变换法的不足之处是在信号的不连续点处会出现“伪吉布斯现象”。

4.2.3 子空间算法

子空间算法就是通过空间分解，将带噪声语音信号投影到信号和噪声两个不同的子空间中，信号子空间主要是语音信号，而噪声子空间只包含噪声语音。为了得到纯净的语音信号，需要将噪声子空间的信号去除，只保留信号子空间中的信号。

有两种不同的方法可以将带噪声语音信号映射到不同的子空间，即奇异值分解法（Singular Value Decomposition，SVD）和特征值分解法（Eigen Value Decomposition, EVD）。奇异值分解是线性代数中一种重要的矩阵分解，在信号处理、统计学等领域也有重要应用。奇异值分解法的原理是将一个比较复杂的矩阵用几个更简单的子矩阵相乘来表示，在某些方面与对称矩阵和基于特征向量对角化的 Hermitian 矩阵类似。区别是对称矩阵分解的基础是谱分析，奇异值分解是谱分析理论在任意值上的推广。

基于子空间语音去噪算法的计算量很大，处理时间比较长。另外，此算法对信噪比高的语音信号去噪效果较好，但是对失真严重的语音信号去噪效果不理想。

4.2.4 最小均方误差算法

最小均方误差算法（Minimum Mean Square Error, MMSE）采用的是自适应迭代方法，它的去噪原理是基于统计的方法将纯净语音信号的频谱估计出来，然后利用人耳对语音信号的相位不敏感的特性，将去噪后语音信号的相位用带噪声语音信号的相位代替。

最小均方误差算法对噪声的处理结果从波形图和评价指标上看都相对良好，计算量也很小。但是，该算法需要先计算出先验信噪比和后验信噪比，还要求纯净语音信号和噪声语音信号服从高斯分布，不适用于所有类型的噪声语音信号。

4.3 切比雪夫低通滤波器设计方法

切比雪夫滤波器的振幅具有等波纹特性，且在过渡带衰减快，与理想滤波器的频率响应曲线之间的误差最小。切比雪夫Ⅰ型低通滤波器的设计步骤如下：

（1）进行频率变换，把输入的数字频率转换为模拟频率。再根据技术指标 R_p、R_s、W_p、W_s，求出滤波器的阶数 N 与 W_n，如式（4–1）和式（4–2）所示。

$$N=\frac{\mathrm{Arch}\sqrt{\dfrac{10^{0.1R_s}-1}{10^{0.1R_p}-1}}}{\mathrm{Arch}\left(\dfrac{W_s}{W_p}\right)} \tag{4–1}$$

$$W_n=\sqrt{10^{0.1R_p}-1} \tag{4–2}$$

式（4–1）和式（4–2）中：R_p 为通带最大衰减；R_s 为阻带内允许的最小衰减；W_p 为通带截止频率；W_s 为阻带下线频率；N 为通带内振幅波动的次数；W_n 为波动系数，W_n 越大，波动幅度越大。

（2）根据所求参数可得极点 P_i，如式（4–3）所示。

$$P_i=-\sinh\varphi\sin\left(\pi\frac{2i-1}{2N}\right)+j\cosh\varphi\cos\left(\pi\frac{2i-1}{2N}\right) \tag{4–3}$$

式（4–3）中，可由 $\sinh(N\varphi)=\dfrac{1}{W_n}$ 求出 φ。

（3）最后把所求极点代入归一化的传输函数，得到式（4–4）。

$$H(P)=\frac{1}{W_n 2^{N-1}\prod_{i=1}^{N}(P-P_i)} \tag{4–4}$$

（4）对 $H(P)$ 做去归一化得到 $H(s)$，并对传输函数 $H(s)$ 根据脉冲响应不变法进行变换，得到数字滤波器系统函数，如式（4–5）所示。

$$H(z)=\sum_{i=1}^{N}\frac{AT}{1-\mathrm{e}^{S_iT}z^{-1}} \tag{4–5}$$

4.4　主成分分析

4.4.1　PCA 的基本原理

现实生活中有很多数据存在比较高的维数，因此要对该数据进行降维，目的是减少数据量、降低算法的计算开销、去除噪声，使数据集变得更容易使用。降维是指经过某个方法将降维空间中的数据转变为在新的低维空间中显示。目前，常用的语音情感降维法有主成分分析（Principal Component Analysis,PCA）、因子分析（Factor Analysis）、独立成分分析（Independent Component Analysis,ICA）等。

最经典的降维法是 PCA。在 PCA 中，数据将会从原有的坐标系经过变换形成新的坐标系，该新坐标系的确定由数据自身决定。新坐标系中的第一个坐标轴是指原始数据中具有最大方差的方向，在选择新坐标系的第二个坐标轴时，应注意它必须正交于新坐标系中的第一个轴，同时应是最大方差的方向。一直重复该过程，而且重复的次数即原始数据特征的个数。在此过程中，前几个新坐标轴中含有绝大部分方差。因此，忽略剩余的坐标轴，数据就此产生了降维。

已知语音训练样本特征 $x_1,x_2,\cdots,x_n$ 都为列向量，并且每个列向量都为 d 维，将这些列向量组成一个数据矩阵 $\boldsymbol{X}_{d\times n}=[x_1,x_2,\cdots,x_n]$，则 PCA 对数据降维的过程如下：

（1）求特征向量 $x_1,x_2,\cdots,x_n$ 的均值 μ 以及协方差矩阵 $\mathbf{COV}_{d\times d}$。

（2）求协方差矩阵的特征值以及与该特征值对应的特征向量，其中特征值与特征向量是一一对应的，由此组成特征值与特征向量对 (λ_i,e_i)，并按特征值从大由小排列为 $(\lambda_1,e_1),(\lambda_2,e_2),\cdots,(\lambda_d,e_d)$，特征值的大小依次为 $\lambda_1\geqslant\lambda_2\geqslant\cdots\geqslant\lambda_d\geqslant 0$。

（3）选择前 $k(k<<d)$ 个特征值，它们之和必须大于某个阈值，该特征值对应的特征向量为主成分的方向，也表示为低维空间的基向量，接着构造映射矩阵 $\boldsymbol{A}_{d\times k}$，矩阵 $\boldsymbol{A}$ 中第 i 列即为被选的第 i 个特征向量。

（4）在高维中的原始数据经 $PCA(x)=A^{\mathrm{T}}(x-\mu)$ 转换到低维数据空间。

在语音情感识别时，测试数据降维时必须使用训练数据中的映射矩阵，这样才能保证训练数据与测试数据在同一低维空间中。而且在特征向量中，维元素的单位不一致，所以在 PCA 之前必须进行特征向量的归一化。一般归一化的方法是将各维元素的方差取 1、均值取 0 的正态分布参数。

4.4.2 PCA 的主要步骤

本章通过数据变换将具有相关性的变量重新组合为相互无关的变量，主要步骤如下：

（1）使原始数据标准化，如式（4–6）所示。

$$x^{*}_{ij}=\frac{x_{ij}-\overline{x}_j}{\sqrt{\mathrm{var}(x_j)}},(i=1,2,\cdots,n;j=1,2,\cdots,m) \tag{4–6}$$

式（4–6）中：x_{ij} 为原始数据第 i 行第 j 列的值；x^{*}_{ij} 为标准化后的数值；$\mathrm{var}(x_j)=\frac{1}{n-1}\sum_{i=1}^{n}(x_{ij}-\overline{x}_j)^2,(j=1,2,\cdots,m)$ 为矩阵 $\boldsymbol{X}$ 第 j 列的方差；$\overline{x}_j=\frac{1}{n}\sum_{i=1}^{n}x_{ij}$ 表示原始特征矩阵 $\boldsymbol{X}$ 第 j 列的均值，即第 j 维特征的平均值。

（2）计算标准化数据的相关系数矩阵，如式（4–7）所示。

$$\boldsymbol{R}=\begin{bmatrix} r_{11} & r_{12} & \cdots & r_{1m} \\ r_{21} & r_{22} & \cdots & r_{2m} \\ \vdots & \vdots & \ddots & \vdots \\ r_{n1} & r_{n2} & \cdots & r_{nm} \end{bmatrix} \tag{4–7}$$

式（4–7）中，$r_{ij}=\mathrm{cov}(x_i,x_j),n>1$ 为矩阵 $\boldsymbol{X}$ 第 i 列特征与第 j 列特征的协方差；$\boldsymbol{R}$ 为原始特征矩阵的相关系数矩阵。

(3) 计算矩阵 $\boldsymbol{R}$ 的特征值 λ_1，$\lambda_2,\cdots$，λ_m 和相应的特征向量 $a_i=(a_{i1},a_{i2},\cdots,a_{im}),i=1,2,\cdots,m$。

（4）根据情感特征对情感类别的累积贡献选择前 p 个因素。累积贡献率公式如式（4–8）所示。

$$\eta=\frac{\sum_{i=1}^{p}\lambda_i}{\sum_{i=1}^{m}\lambda_i} \tag{4–8}$$

式（4-8）中 η 为累积贡献率。前 p 个特征向量组成降维矩阵 $U=[a_1, a_2,\cdots,a_p]$，则将 m 维情感特征降维成 p 维情感特征，即 $X'=X\times U$，X' 为降维后的特征矩阵。

4.5　Chebyshev-PCA 优化

带噪语音携带的噪声成分在影响语音清晰度的同时会干扰提取到的语音情感特征的质量，导致在利用识别网络通过特征识别语音情感时容易造成误判。此外，提取到的不同的情感特征之间的相互干扰性也会影响识别网络对语音情感的识别性能，因此本章将 Chebyshev 滤波器语音降噪和 PCA 特征优相结合得到 Chebyshev-PCA 优化方法。图 4-2 为 Chebyshev-PCA 优化流程。

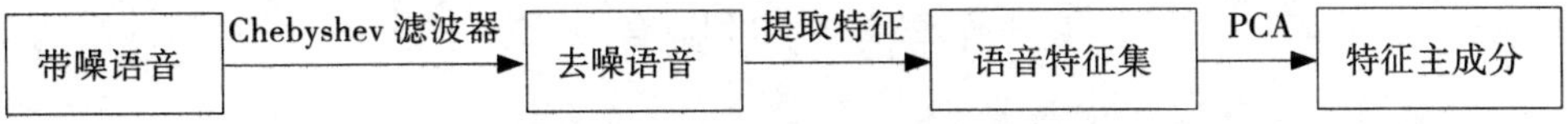

图 4-2　Chebyshev-PCA 优化流程

如图 4-2 所示，首先，利用 Chebyshev 滤波器对带噪语音进行去噪，提高语音纯度，并对去噪语音提取情感特征；其次，利用 PCA 对情感特征进行降维，得到语音情感特征的主成分，提高情感特征间的独立性。

4.6　实验与分析

4.6.1　实验流程

为了验证 Chebyshev 低通滤波器与 PCA 同时作用于语音情感时情感特征对语音情感识别的影响，分别将 Chebyshev 低通滤波器、PCA、Chebyshev-PCA 三种方法处理的情感特征应用于语音情感识别。实验流程如图 4-3 所示。

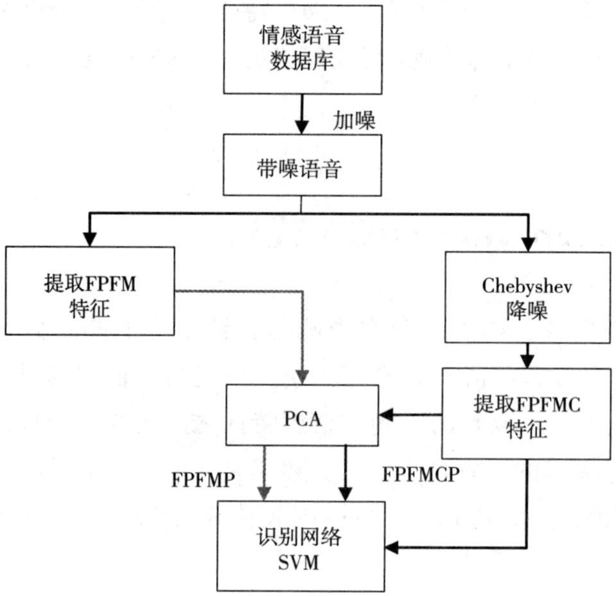

图 4-3 实验流程

如图 4-3 所示，先对语音情感数据库进行加噪处理，得到带噪语音情感。然后，对带噪语音用两种方法处理，一种是对带噪语音提取 FPFM 情感特征，另一种是利用 Chebyshev 滤波器对带噪语音进行降噪，并对降噪后的语音提取情感特征，得到 FPFMC 特征。再利用 PCA 分别对 FPFM 特征和 FPFMC 特征抽取主成分，得到 FPFMP 和 FPFMCP 特征。最后，将得到的 FPFM、FPFMC、FPFMP 和 FPFMCP 特征分别通过 SVM 识别网络进行情感识别。

4.6.2 实验数据

1. 数据库

语音情感数据库是进行语音情感分析的重要前提，为了全面、客观地评价不同处理方法对情感识别的影响，选用柏林德语情感语料库（EMO-DB）和 CASIA 语料库中共有的情感类型悲伤、高兴和自然语音情感作为数据源，并对所取数据进行加噪后作为实验样本，其中 67% 作为训练样本，33% 作为测试样本。

柏林语音情感库由 10 位演员对 7 种情感（中性、生气、害怕、高兴、悲伤、厌恶、无聊）模拟得到。该数据库的语音录制要求演员通过回忆自身经历来完成情绪的表达，使语音情感真实度高、使用度较广、代表性较强。

CASIA 情感语料库是由中国科学院自动化研究录制，由 4 位专业的录音者（2 男 2 女）分别在六种不同的情感状态（高兴、悲伤、愤怒、惊奇、恐惧和中性）下对 500 句文本进行演绎得到的。经过主观听辨，筛选出高质量语料 9 600 句。采样率为 16 kHz，16 bit 量化。

2. 语音情感特征

为对语音情感进行较完整的表征，选取的情感特征如表 4–1 所示。

表4–1　语音情感特征

特征属性	特征名称
韵律特征	语速
	平均过零率
	能量及其 1 阶差分的最大值、最小值、均值
	基频及其 1 阶差分的最大值、最小值、均值
共振峰特征	第 1 共振峰及其 1 阶差分的最大值、最小值、均值、方差
	第 2 共振峰及其 1 阶差分的最大值、最小值、均值、方差
	第 3 共振峰及其 1 阶差分的最大值、最小值、均值、方差
MFCC	MFCC 前 12 阶的偏度、峰度、均值、方差、中值

如表 4–1 所示，本实验提取三类经典的情感特征：一是可以表征言语自然、流畅程度的韵律性特征（14 维，$p_1 \sim p_{14}$）；二是表征语音能量分布的共振峰特征（24 维，$p_{15} \sim p_{38}$）；三是从频域特性表征情感信息的 MFCC 特征（60 维，$p_{39} \sim p_{98}$）。将它们融合后，得到 98 维特征集，即 FPFM。

3. 实验结果与分析

为分析 Chebyshev–PCA 处理方法对情感识别的效果，将其分别与

Chebyshev 低通滤波器、PCA 特征降维两个单一的处理方法对情感识别的性能相比较，根据情感识别率来分析不同处理方法的优劣性。

选取特征的情感识别率（测试集经 SVM 得到正确分类的语音样本数与语音样本总数的比值）作为特征识别效果优劣的评价指标，对柏林语音库和 CASIA 语料库语音情感的识别结果如表 4-2 所示。

表4-2　语音情感识别率对比

单位：%

	FPFM		FPFMC		FPFMP		FPFMCP	
情感分类	柏林	CASIA	柏林	CASIA	柏林	CASIA	柏林	CASIA
悲伤	88.89	22.22	88.89	44.44	100	66.67	100	77.78
高兴	66.67	70	100	80	66.67	40	100	60
中性	77.78	44.44	77.78	33.33	77.78	55.56	77.78	44.44
平均	77.78	46.43	88.89	53.57	81.48	53.57	92.59	60.71

为比较 Chebyshev-PCA 优化方法、Chebyshev 低通滤波器和 PCA 特征降维处理方法对语音情感识别的影响，将三种优化方法作用于两种数据库情感特征后得到的情感识别率如图 4-4 所示。

结合表 4-2 和图 4-4，可以得出以下结论：

（1）从 FPFM 特征与 FPFMC 特征对语音情感的识别效果看，在两类数据库中，FPFMC 特征对语音情感的识别效果均优于 FPFM 特征对语音情感的识别效果，说明切比雪夫滤波器可以从带噪语音情感信号中滤除干扰信号，提取得到更利于表征情感信息的有用信号。

（2）从 FPFMP 特征与 FPFM 特征对语音情感的识别效果看，在两类数据库中，PCA 抽取的特征对情感的平均识别率均高于带噪语音的 FPFM 特征的情感识别率，即 PCA 抽取的特征对带噪语音的情感识别能力更强，说明 PCA 降维方法可以通过降低特征间的相关性提高对语音情感的识别性能。

（3）从 FPFMCP 特征与 FPFMC 特征和 FPFMP 特征对语音情感的识别结果看，在两类数据库中，FPFMCP 特征对语音情感的平均识别效果最好，此时 FPFMCP 特征对悲伤情感的识别率是三类特征中最高的，说明切比雪夫滤波器与 PCA 相结合可以从两个方面更好地选择区分情感的有效信息。

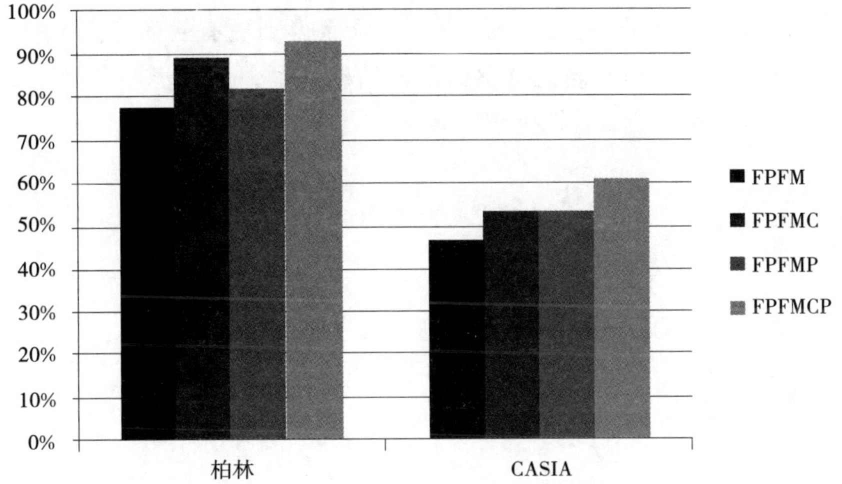

图 4-4　情感识别结果图

综上所述，从识别结果可以发现，虽然在两类数据库中不同的处理方法得到的特征对单一情感识别的影响不同，这主要由数据库的语言、录制方式等不同造成的，但 FPFMCP 特征对情感的平均识别效果始终最好。因此，切比雪夫滤波器与 PCA 相结合对情感的识别效果分别优于 FPFM 特征、切比雪夫滤波器降噪与 PCA 降维特征。这说明本章采用的 Chebyshev-PCA 处理方法可以在降低噪声干扰的同时，通过降低特征相关性提高特征对情感的识别能力。

4.7　本章小结

为实现移动应用的拟人化，提高其对语音情感的分析能力，更有效地识别带噪语音情感，本章提出了一种将切比雪夫滤波器降噪与 PCA 特征降维相结合的特征抽取方法，即 Chebyshev-PCA 特征处理方法，将其用于带噪语音的特征抽取，并与 Chebyshev 滤波器降噪、PCA 特征降维两种方法所得特征的识别结果进行对比。实验结果表明，Chebyshev-PCA 特征处理方法可以提取得到更有效表征情感信息的情感特征。这是因为该方法融合了降噪、降维的优点，即 Chebyshev 滤波器降噪可以去除带噪语音的干扰信息，PCA 可以降低特征间的相关性，从而得到更有效的情感特征信息。该方法能得到更精确的表征情感信息的情感特征，下一步可以研究该方法应用于不同场景中的语音情感识别效果。

第 5 章　基于 PCA—GRA 分析法的情感特征优化

语音是语言表达的载体，不仅可以反映文本信息，而且包含丰富的情感信息，有效识别语音情感是语音情感研究的重要方向。情感识别在人机交互、安全检测和医学治疗等方面有着广泛的应用价值，优质情感特征的提取作为语音情感识别技术的关键之一具有重要意义。目前虽然在特征提取方面有了一定的研究成果，但是如何在已有特征的基础上进行筛选从而得到可以更精确表征情感状态的情感特征仍需进一步探究。

目前，在语音情感识别领域，常用的情感特征主要包括韵律特征、音质特征和谱特征。关于以上情感特征的研究不断丰富，如 Zbancioc 等 [29] 将通过 Lyapunov 指数改进的 MFCC、LPCC 特征用于情感识别，识别率达到 75%；Ooi 使用音调，对数能量、过零率、Teager 能量算子和梅尔频率倒谱系数特征的组合来识别六种基本情感（高兴、愤怒、厌恶、悲伤、惊奇和恐惧），在 eNTERFACE' 05 上得到 75.89% 的识别率。这些特征是针对语音信号的不同特性进行提取分析，并不能全面精确地表征情感特性，为了使情感特征更有效地表征情感状态并识别情感，本章对经典情感特征（韵律特征、共振峰特征和 MFCC 特征）的融合进行研究。首先选用柏林数据库的语音情感作为数据来源，并对语音提取经典情感特征；其次针对特征之间的相关性，采用主成分分析方法提取情感特征的主成分从而降低特征间的干扰性，PCA 虽然降低了情感特征的相关性，但特征的主成分对情感特性的影响程度不同，如果忽略影响差异性，将难以得到显著性高的特征子集，灰色关联分析（Grey Relational Analysis，GRA）为该问题提供了解决思路，GRA 是典型的分析灰色系统中各因素间关联程度的方法，可以根据情感特征对情感类别的影响程度，选择影响程度较大的主要情感特征；最后利用 PCA 与 GRA 降维后的最优特征作为 SVM 识别网络的输入，并设计对比实验，观察本章提出的 PCA-GRA 特征降维方法对语音情感识别效果的影响。

5.1　语音信号的特征分析

语音信号的特性主要包括四个部分：第一部分为语音的时域波形特性，第二部分为语音的声学特性，第三部分为语音的频谱特性，第四部分为语音的统计特性。依据不同的参数含有不同的分析法，所以语音信号分析可以分为三个主要方向：第一个为频域分析法，第二个为时域分析法，第三个为倒谱域分析法。语音信号的时域分析法是最直观、最简单、物理意义明确、计算量小的方法。语音信号的波形分析通常用时域分析法，并可从波形中提取语音的短时能量参数。语音信号所携带的重要特征都表现在功率谱中，而相位的变化不是很明显，只有较小的影响，所以与时域分析法相比较，频域分析法的影响更大。依照不同分析方法的不一致特性，语音分析又可分为两类：一类为非模型法，另一类为模型法。首先对语音信号生成的数学模型进行剖析，然后提取语音数学模型的参数，该法称为模型分析法。比如，声管分析法（Linear Predictive, LP 分析法）与共振峰分析法，它们都被称为模型分析法。非模型分析法是指那些没有进行模型分析的各种方法，如时域分析方法、频域分析方法以及倒谱域分析方法等。

不论使用怎样的分析法或对什么参数进行分析，“短时分析技术”都一直参与语音信号分析的全过程。因为从整体上观察语音的信号，其特性以及表示语音的特征参数会因为时间的流逝而改变，所以语音信号是一个随时间的变化而改变的非平稳的语音信号，因此语音信号分析处理技术与平稳信号处理技术是不相同的。但是，当声带振动的频率与发声器官状态改变的频率相比较时，前者的频率更大，所以如果语音信号从另一个角度考虑，那么它在一个较短的时间区域内（通常是指 10 ～ 30 ms 内），语音的特性保持稳定不会随时间流逝而改变，即在短时间内语音信号具有平稳性。因此，对语音信号的“短时处理”是对所有语音信号分析与处理的前提。即使用短时分析技术预先对语音信号划分短时区域，是将语音划分为若干个一小段语音，然后从小段语音中提取其特征参数，其中一小段语音表示语音信号的一帧，帧长一般取 10 ～ 30 ms。因此，语音信号从整体表现可得出，对语音信号分析提取的特征参数，实际上是由每帧特征参数组合而成的特征参数时间序列。

5.2　灰色关联分析

在客观世界中，很多因素间的关系是模糊的，并不能精准地分清哪些因素之间的关系是密切的，哪些因素之间的关系是疏远的，这导致很难在众多因素中找到具有代表性的主要因素，人们将这种信息不完全的系统称为灰色系统。

邓聚龙教授于 1982 年提出灰色系统理论，指通过特定方法描述灰色系统，研究如何利用已知信息去揭示未知信息，从而进行分析、预测。目的是通过特定数学方法对灰色系统提供数理量化的描述方法，设法定量反映变量间的相对变化情况从而分析变量间的关联性，并因此提出了灰色关联分析方法。该方法通过将多变量综合统计，根据不同变量序列对应的曲线几何形状的相似程度计算得到灰色关联度，根据关联度判断变量序列之间的密切程度。

5.2.1　GRA 的基本原理

灰色关联分析法是将研究对象的因子值绘制出一条连续的平滑的曲线，与其影响因素指标的因子值所绘制的曲线进行比较，观察两者曲线之间的拟合优度，即贴进度，并分别进行量化分析，计算出研究对象与影响因素两条曲线之间的关联度，通过比较大小来判断研究对象与影响因素之间的关联度。

灰色关联度计算步骤为：

（1）确定参考序列和比较序列。

（2）数据的无量纲化处理。

（3）计算灰色关联系数 ξ。所谓关联程度，实际上就是参考序列和比较序列二者绘制出的平滑曲线的几何图案，从而比较二者的贴合程度，而两个序列之间关联程度的大小可以通过计算两个曲线之间的距离得到。

（4）计算关联度。对于第三个环节上两个序列关联系数的计算，实质上是两者各个因子值的关联程度值。多个比较序列计算之后，所求得的关联系数是一个矩阵。为了简化处理，通过对所有求得的关联系数进行平均可以得到所求整体的平均关联度。

（5）将关联度进行排序。通过对关联度大小进行排序，能够反映出参考序列和各比较序列之间的贴合程度和相关关系。关联度越大，说明二者在实际中越相关，甚至直接是决定性因素。排序的结果反映了各个比较序列和参考序列的关系，关联度的取值越大，说明该比较序列与参考序列之间的相关性越高。

5.2.2 GRA 的计算步骤

GRA 根据各影响因素与研究对象几何形状的相似程度，判定影响因素对研究对象的贡献程度。计算方法如下：

1. 确定影响因素和研究对象

设研究对象 $y_0=\{y_0(k)|k=1,2,\cdots,n\}$；影响因素 $y_i=\{y_i(k)\,|\,i=1,2,\cdots,m\}$。本章研究对象为语音情感类别，$n$ 为情感数据序列长度；影响因素为语音情感特征，m 为情感特征维数。

2. 原始数据的无量纲化

为保证研究对象与影响因素的可比性，采用初值化法处理原始数据。对 y_i 作初值化处理得 x_i，x_i 即为语音得到的情感特征初值化结果，如式（5–1）所示。

$$x_i=\left(\frac{y_i(1)}{y_i(1)},\frac{y_i(2)}{y_i(1)},\cdots,\frac{y_i(n)}{y_i(1)}\right) \tag{5–1}$$

3. 计算关联系数

对研究对象 x_0 和影响因素 $x_1,x_2,\cdots,x_n$ 采用式（5–2）计算关联系数。

$$\xi_i(k)=\frac{\min\limits_i\min\limits_k|x_0(k)-x_i(k)|+\rho\max\limits_i\max\limits_k|x_0(k)-x_i(k)|}{|x_0(k)-x_i(k)|+\rho\max\limits_i\max\limits_k|x_0(k)-x_i(k)|} \tag{5–2}$$

式（5–2）中：$\rho\in(0,1)$ 是分辨系数；$x_0(k)$ 为第 k 条语句的情感维度初值化结果；$x_i(k)$ 为第 k 条语句第 i 维情感特征的初值化结果；$\xi_i(k)$ 为第 i 维情感特征与情感类别的关联系数。

4. 计算关联度

将关联系数集求平均得到关联度，如式（5–3）所示。

$$\gamma_i = \frac{1}{n}\sum_{i=1}^{n}\xi_i(k) \tag{5-3}$$

式（5–3）中，γ_i 为情感特征与情感类别的关联度，γ_i 越大，说明情感特征对情感类别的影响就越大。

5.2.3　GRA 对语音情感系统分析的优势

传统相关性分析方法通常分为回归分析法与相关分析法。回归分析法指通过对影响因素与研究对象的关系进行分析，从而对研究对象进行分析预测。该方法的应用前提是数据要满足马尔科夫假设，并且满足大样本数据。相关分析法是利用相关系数度量研究对象与其影响因素之间的相关性，主要是当研究对象与其影响因素间存在着不确定、不严格的依赖关系时，利用相关系数表征关联度，其缺点是系数仅可以表示样本序列间的线性关系，且仅仅表示序列在数值上的关系，并不能反映内在的因果联系。

灰色关联分析则是立足于事物的发展趋势，度量序列间的几何相近程度，不仅对样本量没有特殊要求，而且灰色关联分析对总体位移差、总体一阶斜率差等进行分析，考虑了序列发展趋势的一致性，可以解析序列间的本质因果关系。

语音情感系统颇为复杂，物理模型不确定，情感变量之间的关系呈不确定性，是较为典型的灰色系统。语音情感具有数据量相对较少、情感之间相互关联、语音信号非平稳等特性，很难满足回归分析法或者相关分析法的条件。而灰色关联分析可以很好地解决这一问题。首先，灰色关联分析适用于典型的灰色系统，对样本数据没有特殊要求；其次，此方法利用数据序列间的几何近似程度表示数据的关联性，可以体现变量间的非线性关系；最后，灰色关联分析法较传统的方法计算量相对较小、效率较高。因此，相对于传统的相关性分析方法，灰色关联分析非常适用于语音情感系统，适合于度量语音情感特征与情感维度的相关性。

5.3 PCA–GRA 特征优化

鉴于 PCA、GRA 特征降维方法的降维侧重点不同，即 PCA 侧重于降低特征间的干扰性，GRA 侧重于衡量特征与情感类别的关联性，因此为得到特征间干扰性小且可以更加准确代表语音情感特性的情感特征，本章将 PCA、GRA 相结合，应用于语音情感特征优化。图 5–1 为 PCA–GRA 特征降维优化的情感识别流程图。

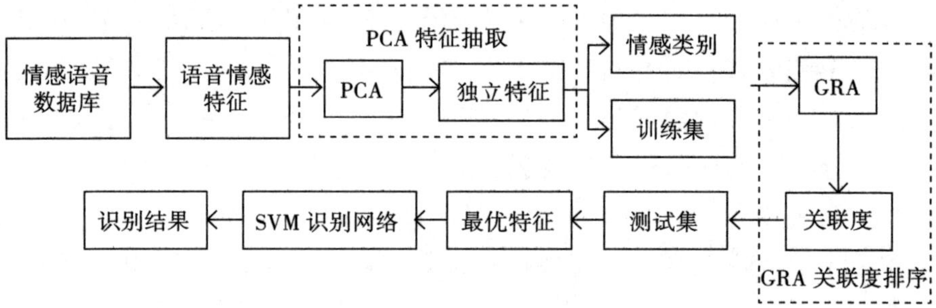

图 5–1 基于 PCA– GRA 特征降维优化的情感识别流程图

具体过程如下：

1. 提取情感特征

对语音情感库中的语音数据提取情感特征 FPFM。

2. PCA 特征抽取

利用 PCA 算法对提取的 FPFM 情感特征提取主成分，在减少冗余度的同时降低特征间的干扰性，从而得到独立特征集。

3. GRA 关联度排序

将已提取独立特征的语音按照 2∶1 的比例将数据分为训练集和测试集，利用 GRA 算法计算训练集的独立特征与情感类别的关联度，根据关联度大小将数据集（训练集和测试集）的特征进行排序得到最优特征。

4. 情感识别

将测试集的最优特征作为已由训练集的最优特征和情感类别训练的 SVM 识别网络的输入，从而得到识别率。

5.4　实验与分析

5.4.1　实验数据库

情感识别的效果依赖于数据库的质量，为了客观评价情感特征的情感识别性能，选用德国柏林情感语料库和 CASIA 汉语情感语料库为实验数据库，本章选择的情感类型为悲伤、生气、高兴和中性四种基本情感作为实验样本，其中 67% 作为训练样本，33% 作为测试样本。

5.4.2　语音情感特征

为对语音情感进行较完整的表征，本实验提取的具体语音情感特征类别如表 5-1 所示。

表5-1　语音情感特征

特　征	特征名称
韵律特征	语速;平均过零率;能量及其 1 阶差分最大值、最小值、均值;基频及其 1 阶差分最大值、最小值、均值
共振峰特征	第 1 共振峰、第 2 共振峰、第 3 共振峰及其分别的 1 阶差分的最大值、最小值、均值、方差
MFCC	MFCC 前 12 阶的偏度、峰度、均值、方差、中值

本实验提取三类经典的情感特征：一是可以表征言语自然、流畅程度

的韵律性特征（14维，$p_1 \sim p_{14}$）；二是表征语音能量分布的共振峰特征（24维，$p_{15} \sim p_{38}$）；三是从频域特性表征情感信息的MFCC特征（60维，$p_{39} \sim p_{98}$）。将它们融合后，得到98维特征集，即FPFM。

5.4.3 情感特征的PCA和GRA分析

PCA分析时，通常在累积贡献率达到85%以上时，认为所提取的数据已包含原始数据的全部信息，而且累积贡献率越大，包含原始数据的信息就越多。以尽可能完整地保留信息的原则选取累积贡献率，从而得到PCA降维特征。

为了得到与情感类别关联性强的情感特征并减少特征的冗余度，在采用GRA分析时，设情感类别为研究对象，经PCA抽取的情感特征为影响因素。根据式（4–6）对研究对象及影响因素作初值化处理，根据式（4–7）和式（4–8）计算情感特征与情感标签的关联系数和关联度，并将特征按照关联度由大至小进行排序。将排序后的特征从一维开始逐次增加一维特征作为SVM的输入识别情感，为保证识别效果并减少冗余特征的干扰，根据识别率最高且维数最小原则确定最优特征集。

以柏林语音库为例，采用PCA对FPFM特征抽取得到92维特征主成分，然后利用GRA对抽取的特征进行关联度排序，图5–2所示为根据GRA关联度排序后的特征从一维开始逐次增加一维特征情感识别率。

由图5–2不同特征维数对情感的识别率可以发现，不同特征维数对情感的识别效果一般不同，当特征维数分别为61、63、64、67和81维时，对情感的识别效果最好，识别率达到86.7%，但根据确定最优特征集原则，本实验选用61维特征作为识别情感的最优特征。

根据PCA–GRA处理结果，将优化后的情感特征作为SVM的输入，观察PCA–GRA特征降维对情感识别效果的影响。

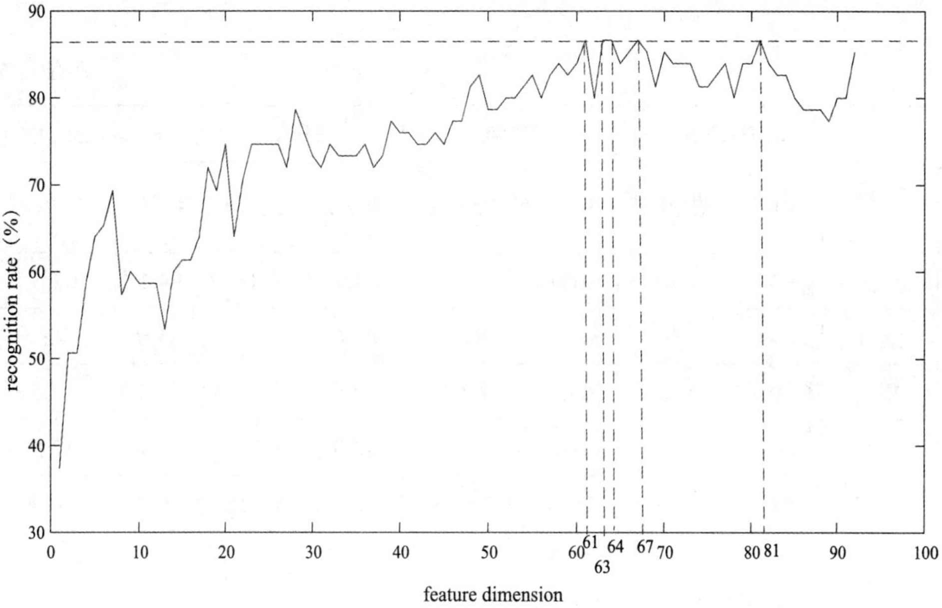

图 5-2　基于不同特征维数的情感识别率

5.4.4　实验方案与结果分析

为分析 PCA-GRA 特征降维对情感识别的效果，将 PCA-GRA 降维特征识别情感的性能分别与 PCA 和 GRA 降维特征识别情感的性能相比较。

选取降维后特征的情感识别率（测试集经 SVM 得到正确分类的语音样本数与语音样本总数的比值）作为特征降维效果优劣的评价指标，对柏林语音库和 CASIA 语料库语音情感的识别结果如表 5-2 所示。

表5-2 降维特征的识别率对比

单位：%

	FPFM		PCA		GRA		PCA-GRA	
情感分类	柏林	CASIA	柏林	CASIA	柏林	CASIA	柏林	CASIA
悲伤	94.1	50	100	37.5	94.1	50	94.1	62.5
生气	84.6	50	88.46	81.5	84.6	50	84.6	75
高兴	69.6	62.5	65.2	62.5	69.6	62.5	78.3	62.5
中性	88.9	37.5	100	25	88.9	62.5	100	37.5
平均	82.7	50	85.3	53.13	82.7	56.25	86.7	59.38

从表5-2可以得出以下结论：

第一，从PCA抽取后的特征与对比特征FPFM的识别效果来看，对于两类数据库来说，PCA降维方法对愤怒情感的识别能力均有不同程度的提升，虽然对于悲伤、高兴、中性这三类单一情感的效果有所差异，但是从平均识别率来看，PCA降维特征对情感的识别效果优于FPFM特征的识别效果，说明PCA降维方法可以通过降低特征间的相关性提高对语音情感的识别性能。

第二，从GRA选择后的特征与对比特征FPFM的识别效果来看，对柏林语音库来说，GRA选择后的特征对情感的识别率与FPFM特征的识别率相同；对CASIA语料库来说，GRA选择后的特征对中性情感的识别效果有较大程度的提高，从而使平均识别率高于FPFM特征。综合两个数据库的结果，说明GRA特征选择方法可以在有效降低特征冗余度的同时保证识别率。

第三，针对PCA-GRA降维后的特征分别与PCA、GRA降维后的特征对情感的识别效果来看，对柏林语音库来说，PCA-GRA降维后的特征对高兴、中性情感的识别能力有提高作用，对中性情感的识别率达到最高为

100%；对CASIA语料库来说，PCA-GRA降维后的特征对悲伤、生气情感的识别率提高到了60%以上。综合分析识别结果可以发现，虽然在两类数据库中PCA-GRA降维后的特征对单一情感识别的影响不同，这主要由数据库的语言、录制方式等不同造成，但其对语音情感的平均识别效果优于PCA和GRA单独作用于FPFM特征时的识别效果，说明PCA-GRA相结合可以更好地选择区分情感的有效特征。

综上所述，PCA-GRA降维后的特征对情感的识别效果分别优于FPFM特征、PCA降维特征和GRA降维特征，说明本章采用的PCA-GRA降维方法可以在降低特征相关性的基础上去除冗余特征从而提高特征对情感的识别能力。

5.5 本章小结

本章从表征语音情感的特征入手，为更有效地区分情感类型，提出采用PCA-GRA特征降维方法优化语音情感特征。选用经典的情感特征，将PCA特征抽取与GRA特征选择相结合，设计实验进行对比，从而进行有效性验证。从识别结果来看，PCA-GRA可以通过减少特征间的干扰并减弱特征维数累加对情感识别的影响从而提高识别率。同时发现，本章实验所选的对比情感特征可以是多样的，因此在今后的研究中尽可能选择不同类的情感特征进行分析研究仍是主要的研究方向。

第 6 章　基于多输入的跨语种语音情感识别的多模型融合框架

在机器越发智能化的 21 世纪，基于与机器能够更加友好的沟通需求，使情感计算在人机交互等领域存在大量的潜在应用。情感计算可以提升人机交互中的用户体验，如情绪监控机器人可以发送邮件监控愤怒情绪、音乐播放器根据情绪变动推选曲目等。语音情感识别技术就是通过情感计算使机器能够模拟共情，即机器能够理解并解释人类语音信号的情感状态，以此做出合适的情绪回应和行为反馈。情感的表达方式与很多因素有关，如语境、语言和文化背景等。因此建立机器与人类语音信号的情感状态的映射关系和关联性是语音情感识别的关键。

目前，完整的语音情感识别系统主要包括语音输入、特征提取和情感分类三个部分。机器与人类语音信号的情感状态的映射关系主要体现在语音信号特征提取的完整性和有效性上，语音信号的情感信息越完整，其情感状态的映射关系就越独立。随着语音情感识别技术的深入研究，其已在很多领域中得到了实际应用，但在现有的语音情感识别的研究和应用中，多是针对单一的语言，如汉语、英语以及德语等相对应的语音情感识别系统，且特征和模型相对较单一。目前用于语音情感识别的特征基本分为三类，分别是韵律特征、音质特征和谱特征，这些特征均是基于语音信号的分段线性特点提取的时域或频域属性特征，因此只能表达语音信号的局部情感信息。鉴于此，本章通过使用由韵律特征和音质特征组成的声学特征、梅尔频率倒谱系数谱图和兼具时频两域特点的语谱图多输入来融合更完整的情感信息，以此使机器和人类语音信号的情感状态的映射关系更加独立。

完整的语音情感识别系统的第三个部分是情感分类，用来分析语音信号的情感特征与情感状态的关联性。而用于情感分类的网络有传统的机器学习模型，如支持向量机、高斯混合模型、决策树，还有基于深度学习网络模型，如深度信念网络、基于堆叠式自动编码网络、基于注意力的全卷积网络、循环神经网络以及残差网络等。近年来，深度神经网络凭借着可以有效地逐级提取内部的隐藏特征，以减少手动提取特征造成的不完整性等各项优点，备受学者们的青睐。Wu A[30] 等提出了使用深度信念网络和加权小波倒谱系数结合比常规的语音情感识别方法的识别率更高；Xi Z[31] 等提出了基于堆叠式自动编码网络和深度信念网络两种情感模型，并在德国柏林语音库上验证其模型可以实现情感分类。Zhang Y[32] 提出了基于注意力的全卷积网络，并使用语谱图作为数据在公开的语料库中取得了较好的准确率；Lim 等使用语谱图作为输入，构建了一个卷积神经网络（Convolutional Neural Networks, CNN）和循环神经网络（Recurrent Neural Network, RNN）组合的网络结构。HAO 提出了一种基于注意力的具有残差块和 BiLSTM 的 ADRNN 架构，利用频谱图作为架构输入进行语音情感识别并取得了不错的识别结果。以上大多是针对单一类型输入的单模型进行的单一语种的情感识别，而针对时域、频域和兼具时频域特征的多输入的多模型融合还不多见，而且针对跨语种的语音情感识别也同样罕见。比如，Elbarougy 通过研究三种语言（日语、汉语和德语）在价激活空间中的情绪共性和差异证明了不同语言中的情感存在相似性；Parlak 使用 EmoSTAR 和 EMO-DB 进行基于 SVM 跨语种情感识别证实语音表达情感的普遍性。

因此，本章将具有时域特性的声学特征、频域特性的 MFCC 谱图和兼具时频域特性的语谱图作为多输入，然后输入到传统机器学习模型 SVM 和两种不同的深度学习网络模型（Deep Learning Network，DLN）中，由此构成多模型融合框架，其中 DLN 分别是 MobileNet26 和 ResNet38。为了丰富模型的多样性，DLN 卷积操作完成后分别对 feature map 进行全局最大池化（Golbal Max Pooling, GMP）和全局平均池化（Golbal Average Pooling, GAP），从而把模型加倍，由此构成五个模型的融合框架。设计对比实验，首先验证基于 MFCC 谱图的 MobileNet26 网络和基于语谱图的 ResNet38 网络在多语种语音情感识别的有效性，其次融合以上模型生成多模型框架，最后设计实验，验证了该架构不仅能提高跨语种的情感语义识别效果，而且可以通过对大语种的语音情感识别上的学习实现在小语种迁移识别上的学习。

6.1 MobileNet

6.1.1 深度可分离卷积

MobileNet 是为移动和嵌入式设备设计的延迟低、轻量高效的模型，主要核心是使用深度可分离卷积的操作。MobileNet 通过卷积核的巧妙分解来加速运算，大幅度减少了网络参数和计算量，使其在 CPU 上也能达到实时性的速度要求。深度可分离卷积把标准卷积分解成深度卷积（Depthwise Convolution）和逐点卷积（Pointwise Convolution）两步。和标准卷积将卷积核作用在所有输入通道的方式不同，深度卷积对每个输入通道采用不同的卷积核，而逐点卷积是采用 1×1 卷积核的普通卷积。

深度可分离卷积将深度卷积得到的特征图和一个 1×1 的卷积线性结合输出成一个新的特征图，这样既能达到和标准卷积相似的效果，又能很大程度降低计算量和模型参数量。如图 6–1、图 6–2、图 6–3 所示为不同卷积操作图，图 6–1 为标准卷积图，图 6–2 为深度卷积图，图 6–3 为深度可分离卷积图。其中，$D_K \times D_K$ 是卷积核尺寸，$D_F \times D_F$ 是特征图尺寸，M 是输入渠道数，N 是输出通道数。下面在计算量方面分析一下深度可分离卷积与标准卷积的差别。

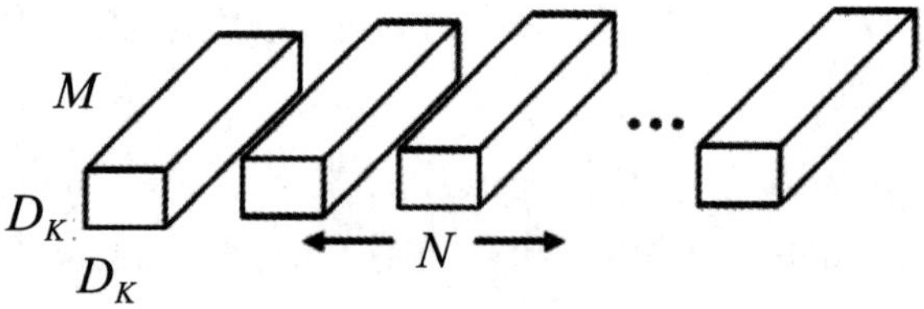

图 6–1　标准卷积

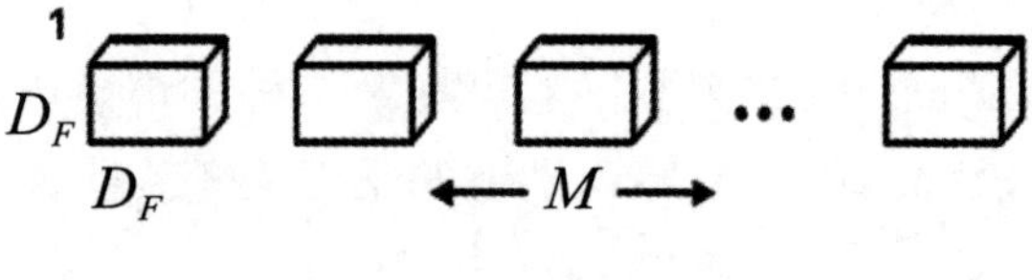

图 6–2　深度卷积

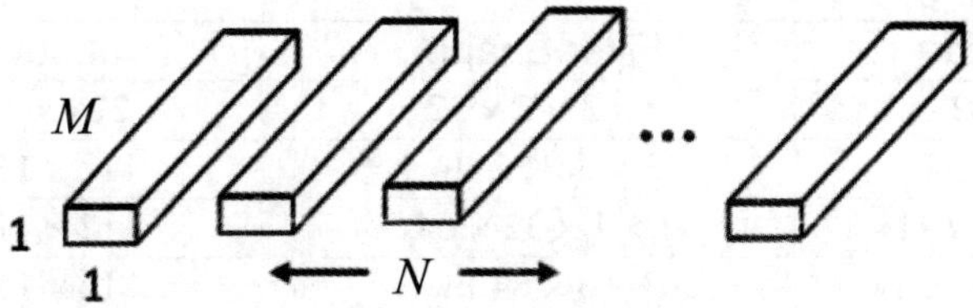

图 6-3　深度可分离卷积

假定输入特征图大小是 $D_F \times D_F \times M$，输出特征图大小是 $D_F \times D_F \times N$，其中 D_F 是特征图的宽和高，假定两者是相同的，输入与输出特征图大小一致。

对于标准的卷积，其计算量如式（6-1）所示。

$$D_K \times D_K \times M \times N \times D_F \times D_F \tag{6-1}$$

对于深度卷积，其计算量如式（6-2）所示。

$$D_K \times D_K \times M \times D_F \times D_F \tag{6-2}$$

对于逐点卷积，其计算量如式（6-3）所示。

$$M \times N \times D_F \times D_F \tag{6-3}$$

对于深度可分离卷积，总计算量如式（6-4）所示。

$$D_K \times D_K \times M \times D_F \times D_F + M \times N \times D_F \times D_F \tag{6-4}$$

深度可分离卷积和标准卷积相比如式（6-5）所示。

$$\frac{D_K \times D_K \times M \times D_F \times D_F + M \times N \times D_F \times D_F}{D_K \times D_K \times M \times N \times D_F \times D_F} = \frac{1}{N} + \frac{1}{D_K^2} \tag{6-5}$$

6.1.2　网络结构

MobileNet 网络结构中只有第一层是标准卷积，别的层都是深度可分离卷积，最后是全连接层并用 softmax 函数完成分类。具体架构如表 6-1 所示。深度可分离卷积是 MobileNet 的基本组件，在每一个深度可分离卷积后面都有 BN 和 ReLU。如图 6-4、图 6-5 是标准卷积和深度可分离卷积的结构图，两者都拥有 BN 和 ReLU 层。

表6-1 MobileNet架构

Type/Stride	Filter Shape	Input Size
Conv / s2	3 × 3 × 3 × 32	224 × 224 × 3
Conv dw / s1	3 × 3 × 32 dw	112 × 112 × 32
112C32onv / s1	1 × 1 × 32 × 64	112 × 112 × 32
Conv dw / s2	3 × 3 × 64 dw	112 × 112 × 64
Conv / s1	1 × 1 × 64 × 128	56 × 56 × 64
Conv dw / s1	3 × 3 × 128 dw	56 × 56 × 128
Conv / s1	1 × 1 × 128 × 128	56 × 56 × 128
Conv dw / s2	3 × 3 × 128 dw	56 × 56 × 128
Conv / s1	1 × 1 × 128 × 256	28 × 28 × 128
Conv dw / s1	3 × 3 × 256 dw	28 × 28 × 256
Conv / s1	1 × 1 × 256 × 256	28 × 28 × 256
Conv dw / s2	3 × 3 × 256 dw	28 × 28 × 256
Conv / s1	1 × 1 × 256 × 512	14 × 14 × 256
5 × Conv dw / s1	3 × 3 × 512 dw	14 × 14 × 512
Conv / s1	1 × 1 × 512 × 512	14 × 14 × 512
Conv dw / s2	3 × 3 × 512 dw	14 × 14 × 512
Conv / s1	1 × 1 × 512 × 1024	7 × 7 × 512
Conv dw / s2	3 × 3 × 1024 dw	7 × 7 × 1024
Conv / s1	1 × 1 × 1024 × 1024	7 × 7 × 1024
Avg Pool / s1	Pool 7 × 7	7 × 7 × 1024
PC / s1	1024 × 1000	1 × 1 × 1024
Softmax / s1	Classifier	1 × 1 × 1000

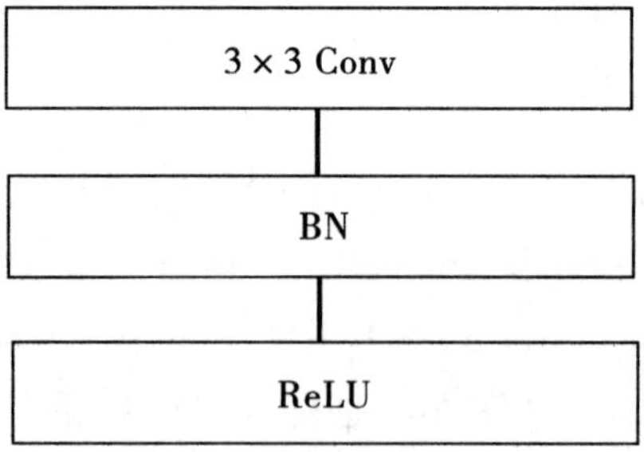

图 6-4 标准卷积结构

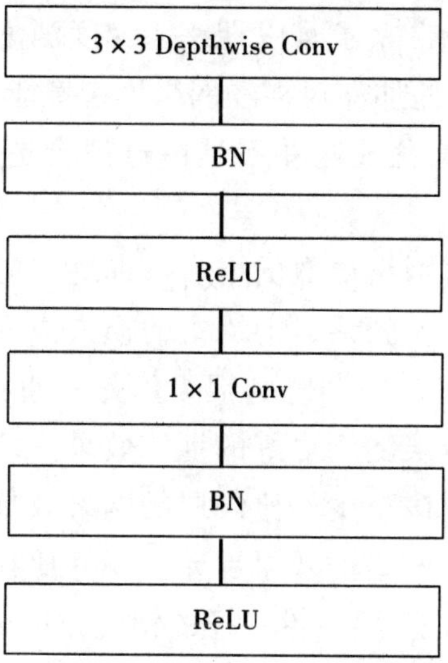

图 6-5　深度可分离卷积结构

6.1.3　宽度乘数与分辨率乘数

为了减少网络的计算量，MobileNet 使用宽度乘数 α 来减少输入输出通道数和特征图数量。在 $\alpha(0<\alpha<1)$ 参数作用下，MobileNet 某一层的计算量如式（6-6）所示。

$$D_K \times D_K \times \alpha M \times D_F \times D_F + \alpha M \times \alpha N \times D_F \times D_F \tag{6-6}$$

MobileNet 也使用了超参数分辨率乘数 ρ，ρ 不仅可以改变输入层的分辨率，还可以减少参数。在 α 和 ρ 的共同作用下，MobileNet 某一层的计算量如式（6-7）所示。

$$D_K \times D_K \times \alpha M \times \rho D_F \times \rho D_F + \alpha M \times \alpha N \times \rho D_F \times \rho D_F \tag{6-7}$$

其中，ρ 是隐式参数。

6.2　ResNet

随着神经网络层数的增加，神经网络模型提取到的特征信息更加丰富，训练的问题更加复杂，准确率也不断提升。于是，有人提出通过不断地加深神经网络的层数，来解决现实生活中更加复杂的问题。但是，随着神经网络层数的加深，带来了难以训练、梯度消失、梯度爆炸等一系列问题，使得神经网络层数的加深对神经网络模型性能的提高并没有显著效果。经过许多专家的研究，发现这并不是由过拟合造成的，而是一种新的问题——网络退化问题。

网络退化就是随着网络层数的增多，训练集的损失值逐渐下降并趋于饱和，当再增加网络深度的话，训练集的损失值反而会增大。这并不是过拟合现象，因为在过拟合中训练的损失值是一直减小的。当网络退化时，浅层网络能够达到比深层网络更好的训练效果。理论上如果把低层的特征传到高层，那么效果应该至少不比浅层的网络效果差，但事实上得到的结果却和理论相反，深层网络的效果更差。就好比在说一个 100 层的网络在第 100 层使用的是和第 10 层一模一样的特征，那么 100 层的神经网络的效果就会和 10 层网络的效果相同。所以，可以在 100 层网络的第 10 层后添加一个直接映射（Identity Mapping）来达到 10 层网络的效果。

2015 年，Kaiming He 等引用残差块，使网络退化这一问题得到有效解决。残差指的是预测值和观测值之间的差距，所以，残差块的主要思想就是在标准的前馈卷积网络上，加上一个跳跃层绕过一些层的连接。图 6-6 所示为残差块的结构示意图，其中 x 表示残差块的输入，$H(x)$ 表示残差块的输出，而 $F(x)$ 代表残差。如果把网络设计为 $H(x)=F(x)+x$，就可以把网络转换为学习一个残差函数 $F(x)=H(x)\text{-}x$，只要令 $F(x)=0$，就构成了一个恒等映射 $H(x)=x$，而且拟合残差肯定更加容易。

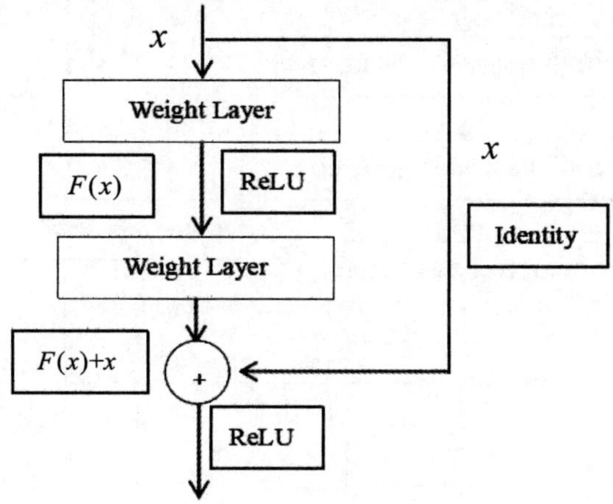

图 6-6　残差块结构图

在卷积神经网络中引用残差块，就形成了残差神经网络（Residual Network，ResNet）。残差神经网络中的残差块有两种类型：恒等残差块和卷积残差块。图 6-7、图 6-8 为恒等残差块和卷积残差块的示意图，这两种残差块的主要差别是在跳跃层上是否进行了卷积操作。残差网络根据残差块和网络层数的不同，大致可以分为 ResNet-18、ResNet-34、ResNet-34、ResNet-50、ResNet-101 和 ResNet-152 等不同的模型。

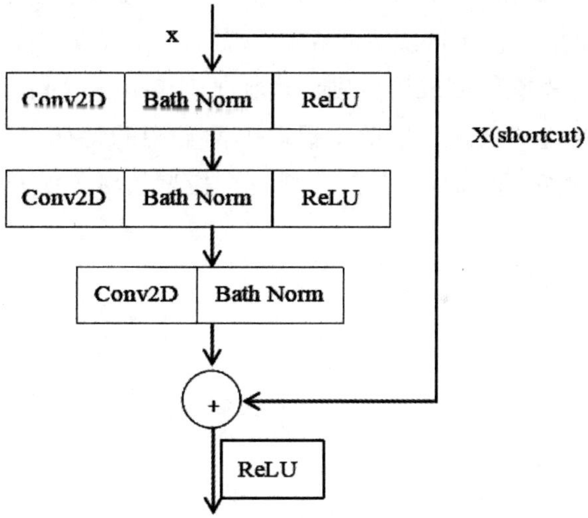

图 6-7　恒等残差块示意图

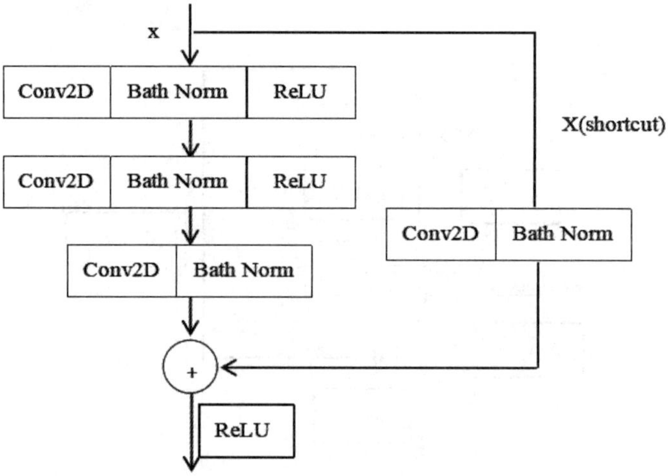

图 6-8　卷积残差块示意图

6.3　语音情感识别的多模型融合框架

本章提出的基于多输入的跨语种语音情感识别的多模型融合框架如图 6-9 所示，其架构主要是由基于声学特征的 SVM 语音情感识别模型和基于 MFCC 谱图的 MobileNet26 语音情感识别模型以及基于语谱图的 ResNet38 语音情感识别模型三种不同输入的多模型融合构成。其中，MobileNet26 和 ResNet38 模型卷积操作完成后分别还增加了对 feature map 进行全局最大池化和全局平均池化的处理，以此来提取不同类型的特征，从而增加模型的多样性，使模型多样性加倍，最终形成五个模型的融合框架。

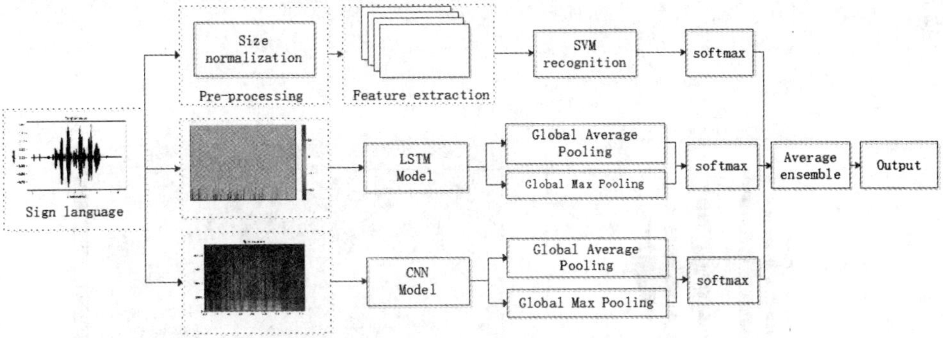

图 6-9　基于多输入的跨语种语音情感识别的多模型融合框架

6.3.1　基于声学特征的 SVM 语音情感识别模型

情感识别的复杂度随着情感类别和语音叙词的增加而增加，因此选取最为相关的特征是很有必要的。这样不仅能确保模型识别情感的准确率，也能提升计算性能。已有研究证明声学特征能够有效地表征语音信号的情感差异性。本章对语音信号经过端点检测、预加重和加窗分帧三步操作之后，依次对每一帧语音信号分别提取平均过零率、频谱质心、基频、能量、谱平面、ottava 对比等声学特征，并对其进行最大值、最小值、均值、方差、中值等统计量的计算，最终得到 384 维特征，然后采用 SVM 进行多语种的语音情感识别，该模型不仅能为整个架构提供语音信号中的时域特征信息，还能为以下两个模型的有效性做参考标准。

6.3.2　基于 MFCC 谱图的 MobileNet26 语音情感识别模型

被广泛应用于语音识别的领域的谱特征 MFCC，是语音情感识别中最为关键的特征。MFCC 是基于人耳对不同频段声音的感知具有差异性所提出的，具体表现是在低频段时人耳对声音的感知与频率呈线性关系；在高频段时则呈对数关系。对一段语音信号进行分帧，并对每帧提取 20 维 MFCC 特征，可得到图 6-10，从图中可以看出语音波形图发生波动的地方对应的 MFCC 也有对应变化，由此可将二维的时域波形信息转化为具有色彩的三维可视化 MFCC 谱图，以此有效地表征原语音信号中的频域属性特征。

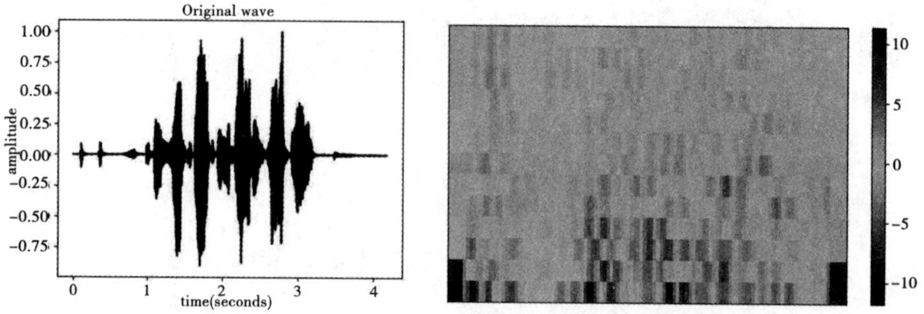

图 6-10　语音信号的时域波形与 MFCC 谱的对比图

由于 MFCC 谱图和自然真实图像存在复杂度、色彩度和信息量等的差异，因此设计轻量级 MobileNet26 网络对应于 MFCC 谱图的输入。从图 6-11 可以看出，MobileNet26 主要由 9 个 Conv2D Block 和 7 个 Depth Conv2D Block 组成，其中 Conv2D Block 是由普通的 3×3 卷积组成，而 Depth Con2D Block 主要是由 3×3 的深度卷积和 1×1 的点卷积组成，与 Conv2D 的不同是参数量少且可以实现通道和区域的分离。其实现过程是：先通过 3×3 的 depthwise convolution 对不同通道分别进行卷积，而后采用 1×1 的 pointwise convolution 将上面输出并再次进行组合，其效果与普通的卷积相似，不同的是 Depth Conv2D Block 将比较密集的计算放在了 1×1 的卷积上。在整个网络中，除去全连接层（Full Connection, FC）之外，其他阶段都进行了批归一化（Batch Normalization, BN）和 ReLU，因此会很大程度上减少计算量和模型的参数量。为丰富网络的多样性，分别对网络的 feature map 进行 GMP 和 GAP 操作并求和输入到全连接层，最后再由 *soft*max 将具有 1 280 个神经元的 FC 进行四种情感分类。该网络的总参数是 708 036，其中训练参数为 703 076，未训练参数为 4 960。

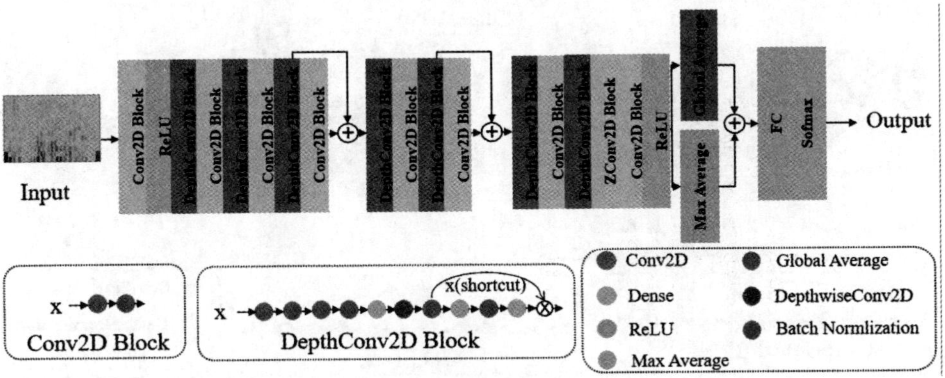

图 6-11　基于 MFCC 谱图的 MobileNet26 网络模型

6.3.3　基于语谱图的 ResNet38 语音情感识别模型

语谱图兼具时间、频率两域双属性特性，是一种二维时域语音信号进行三维可视化信息的表示方法，其横轴是时间，纵轴是频率，第三维的色彩信息是能量值，颜色的深浅可以表征能量的强弱。同时，语谱图还可以直观地反映共振峰评率的变化。Aharon Satt 等人提出了一种基于语谱图的深度神经网络的语音情感识别模型，并指出语谱图能够有效地处理背景的非语音信号，显著提高了语音信号的情感识别精度。

相较于 MFCC 谱图，语谱图信息丰富且较复杂，因此设计基于语谱图的 ResNet 网络模型进行语音情感识别。如图 6-12 所示，ResNet38 网络主要由 5 个阶段组成，其中阶段 1 的输入和输出一致为 64，因此不需要 shortcut 添加卷积。而阶段 2 ～ 5 的情况一致，都是由 Residual Bolck 和 ID Block 组成，两者的区别是 ID Block 部分的输入 channel 与输出不一致，且缩小了两倍，因此在 ID Block 中添加了 1×1 的卷积，且 stride=2，从而实现 feature map 一致相加。然后对阶段 5 的 feature map 分别进行 GMP 和 GAP 来丰富特征，从而提取更全面的特征，提高网络的识别性能，最后 Dense 层神经元个数为 1 024，softmax 为 4 个神经元用于四种情感分类。该网络的总参数是 3 398 276，其中训练参数为 3 384 580，未训练参数为 12 696。

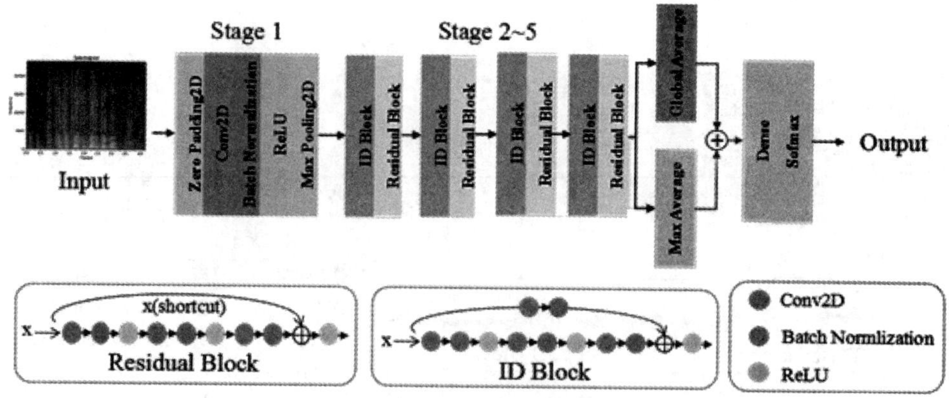

图 6-12 基于语谱图的 ResNet38 网络模型

6.3.4 基于多输入的多模型融合框架

基于多输入的多模型融合框架的多输入由具有时域特性的声学特征、频域特性的 MFCC 谱图和兼具时频域特性的语谱图三种输入构成，然后分别输入到对应的传统机器学习模型 SVM 和两种不同的深度学习网络模型（DLN）中，由此构成多模型融合框架，DLN 是指 MobileNet26 和 ResNet38。其中，MobileNet26 和 ResNet38 模型卷积操作完成后还分别增加了对 feature map 进行全局最大池化（GMP）和全局平均池化（GAP）的处理，以此来提取不同类型的特征，从而丰富模型的多样性，使模型多样性加倍，最终形成 5 个模型的融合框架。

6.4 实验与分析

6.4.1 数据库

为了验证本章提出的多模型融合框架在跨语种语音情感识别的有效性，本章选用极具代表性的汉语、英语、乌尔都语和德语四种语料库中共有的中性、高兴、悲伤和生气作为实验样本，其中训练和测试集的划分比例为 7∶3。表 6-2 总结了各个语音数据库的相关属性。

表6-2　多语种语音情感数据库

语音库	语种	中性	高兴	悲伤	生气
CASIA	汉语	725	306	256	399
Spe	英语	96	192	192	192
Urdu	乌尔都语	100	100	100	100
EMO-DB	德语	79	71	62	122

6.4.2　实验方案及结果分析

为验证本章提出的基于多模型融合框架在跨语种语音情感库上的有效性，设计了三种实验方案：基于单输入的多语种语音情感识别，基于多模型融合的多语种语音情感识别模型，基于多模型融合的乌尔都语的迁移识别。

1. 基于单输入的多语种语音情感识别

该方案设计了三组实验，分别用于验证声学特征、MFCC 谱图和语谱图三种输入对应模型在多语种语音情感识别上的有效性。

表6-3　基于不同输入的三种网络结构的识别率对比

单位：%

实验	网络结构	中性	高兴	悲伤	生气	整体识别率
实验 1	声学特征 +SVM	73.1	58.2	72.8	74	70.1
实验 2	MFCC+MobileNet26	84.7	54.2	84.8	85.4	78.3
实验 3	语谱图 +ResNet38	88.4	62.2	54.9	81.7	75.3

从表 6-3 可以得出以下结论：

（1）从实验 1、实验 2 的识别结果来看，基于 MFCC 的 MobileNet26 模型的结果在中性、悲伤和生气三种情感上的识别结构表现较好，而在高兴的情感上却只有 54.2%，且低于基于声学特征的 SVM 模型 4 个百分点。这两个模型均在区分生气情感状态上优势最为明显，结合生气和悲伤的识别情况，可见以上两个模型在区分负性情感状态上有较好的区分度，同时可以有效区分情感强度较弱的悲伤和中性。因此，基于 MFCC 的 MobielNet26 网络可以对语音信号的情感状态进行有效区分。

（2）从实验 1、实验 3 的识别结果来看，基于语谱图的 ResNet38 模型在中性、高兴和生气三种情感状态的识别表现优于基于声学特征的 SVM 模型，并且在中性情感状态上表现最佳，识别结果达到了 88.4%，而在悲伤情感状态上表现最差，仅有 54.9%，低于基于声学特征的 SVM 模型 18.8 个百分点。整体识别率上高出基于声学特征的 SVM 模型的 5.2%。因此，基于语谱图的 ResNet38 模型可以作为区分语音信号情感状态的有效模型。

（3）从以上三个实验的对比结果来看，从整体识别率的角度分析，基于 MFCC 的 MobileNet26 模型表现最佳，其识别率分别高出其他两个模型 8.2% 和 3%。从单一情感状态的识别结果来看，基于语谱图的 ResNet38 模型在中性和高兴上的识别结果达到最好，而基于 MFCC 的 MobileNet26 模型则在悲伤和愤怒上表现最好，虽然基于声学的 SVM 效果最差，但是该模型能够提供其他两个模型缺少的时域数据特征。综上可得，上述三种单一模型的语音情感识别模型均在不同情感状态上表现出了不同的分辨能力。

2. 基于多模型融合的多语种语音情感识别模型

上述方案独立验证了三个模型在多语种语音情感识别上的有效性，为对比验证多模型融合框架在情感的可行性及有效性，设计实验 4（结果如表 6-4 所示），将三种模型融合，从而获取多元的完整情感信息来有效地进行多语种不同情感状态的区分。

从表 6-4 中可以看出，多模型融合在中性、悲伤和生气三种情感状态上的识别均有较好的表现，其中识别率均高于 80%，悲伤情感状态的识别效果最好，识别率达到了 84.8%，中性和生气次之，但高兴情感的识别只有 75.1% 的识别率。基于混淆矩阵，从误判的角度分析，生气与高兴之间相互误判的可能性较大，但生气与中性、悲伤之间却不会存在误判。可以发现，相对于单模型，多模型融合可以在情感强度有差异的情感状态上有明显的区分。因此，多模型的级联可以更多融合情感信息来优化识别。

表6-4　基于多模型融合（实验4）的多语种语音情感识别结果

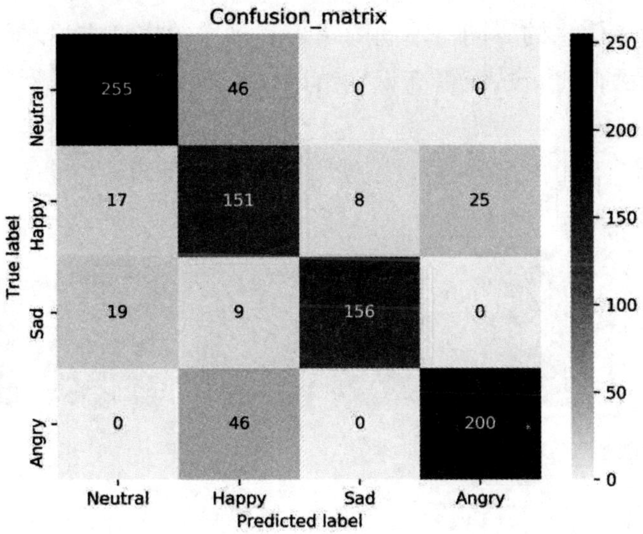

单位：%

情感状态	中性	高兴	悲伤	生气
中性	84.7	15.3	0.00	0.00
高兴	8.50	75.1	4.00	12.4
悲伤	10.3	4.90	84.8	0.00
生气	0.00	18.7	0.00	81.3

图 6-13 直观地描述了四种模型的多语种语音情感识别的结果。从单一情感状态识别来看，多模型融合在高兴情感上辨别能力较为显著，识别率达到了 75.1%，分别高出其他三种模型的百分比为 16.9%、20.9%、12.9%，由此可见多元化输入和多类网络的融合可以有效提取和融合到更为全面有

效的情感信息，从而提高语音情感的识别结果。而在中性和生气情感状态上，多模型融合的识别结果虽不如单模型，但其识别结果也不差，可见多元化输入和多类网络的融合对语音情感的识别结果不仅仅是正向作用，也会存在一定的影响作用。但从整体识别结果的角度来看，多模型融合表现最好，其整体识别率达到了 81.6%，依次高于基于单模型识别结果的 11.5%、3.3% 和 6.3%。综合结果来看，识别结果的差异性主要体现在网络的结构和输入信息的不同。不同的输入和多样的模型结构之间的融合可以获得更多元的信息，从而提高识别结果，模型之间的差异性越大，模型融合的效果就越好。

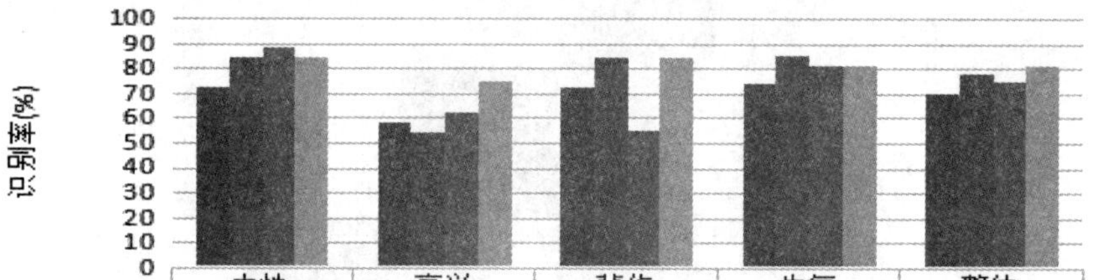

	中性	高兴	悲伤	生气	整体
实验1	73.1	58.2	72.8	74	70.1
实验2	84.7	54.2	84.8	85.4	78.3
实验3	88.4	62.2	54.9	81.7	75.3
实验4	84.7	75.1	84.8	81.3	81.6

图 6-13　四种模型的多语种语音情感识别结果对比

3. 基于多模型融合的乌尔都语的迁移识别

上面已验证了多模型融合在多语种语音情感识别的可行性。为进一步验证多模型融合在跨语种语音情感识别的可行性和有效性，设计实验方案为：选择语料样本相对较多的中文、英文和德语组合成的大语料语音情感上进行训练与学习，然后在小语种的乌尔都语上进行迁移识别。表 6–5 是基于多模型融合的乌尔都语跨语种语音情感识别结果。

从表 6–5 中可以看出，从单一语音情感的识别结果分析，基于多模型融合跨语种语音情感识别模型，在乌尔都语的中性和生气中均有较高的识别结果，其中生气和悲伤的识别率都达到了 84% 以上，悲伤情感状态的识别结果居中，但在高兴情感状态上仅有 54%，其中高兴在愤怒上有较高的误判，这是因为高兴和生气均为数据高强度情感状态，二者之间存在一些相似的情感信息。从混淆矩阵的误判角度分析，仅有 8% 的误判会发生在悲伤上。该情况与多模型在多语种情感状态的识别情况一致。可见，迁移识别不仅能够保持原模型的特性，且在小语种乌尔都语上具有一定的泛化能力，即在不具有大量语料的环境下，也可以有效地帮助小语种的情感状态学习，从而提高在小语种的情感状态的区分能力。

表6-5　基于多模型融合的乌尔都语跨语种语音情感识别结果

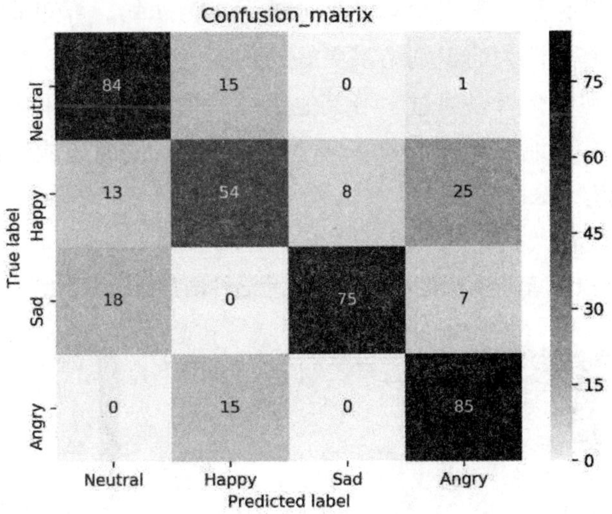

单位：%

乌尔都语	中性	高兴	悲伤	生气
中性	84.0	15.0	0.00	1.00
高兴	13.0	54.0	8.00	25.0
悲伤	18.00	0.00	75.0	7.00
生气	0.00	15.0	0.00	85.0

4. 基于多模型融合的德语的迁移识别

与上述方案相似，本方案是在汉语、英语、乌尔都语组合成的大语料语音情感上进行多模型融合网络的训练与学习，然后在语料相对较少的德语上进行迁移识别，其识别结果如表 6–6 所示。

从表 6–6 中可以看出，从单一情感识别来看，德语的情感状态的识别在生气情感状态上识别结果率最高，达到了 84.5%，中性情感次之，而高兴和悲伤上的识别相对较差，仅有 62.9% 和 64.5%，这是因为高兴和悲伤的样本量相比其他情感状态较少，从而使学习的信息量不够准确和完整。从高兴和悲伤的误判来看，可以发现高兴和愤怒存在较高概率误判，而悲伤有 14 个样本被误判为中性，且几乎很少有情感会被误判为悲伤。可知该模型依然保持了在情感强度差异性大的识别结果更好的特点。综合来看，在少语料的德语语音情感的识别中，可以通过学习其他语种的情感信息，来实现在德语上的迁移学习，可有效地弥补样本少、难学习的缺点，同时还能增强少语料语音情感的泛化能力。

表6–6　基于多模型融合的德语跨语种语音情感识别结

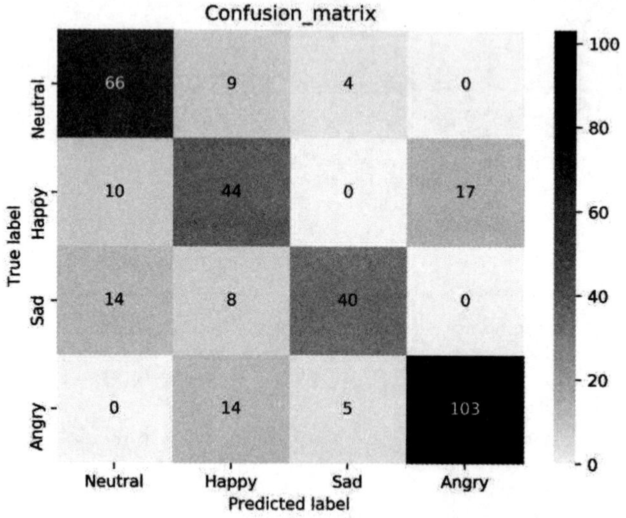

单位：%

德语	中性	高兴	悲伤	生气
中性	83.6	11.4	5.00	0.00
高兴	14.1	62.0	0.00	23.9
悲伤	22.6	12.9	64.5	0.00
生气	0.00	11.5	4.00	84.5

6.5　本章小结

本章提出一种基于多输入的跨语种语音情感识别的多模型融合框架，将多语种语音情感信号的声学特征、MFCC 谱图特征和语谱图特征依次作为 SVM、MobileNet26 和 ResNet38 的输入，并在对 MobileNet26 和 ResNet38 的卷积输出分别进行全局最大和平均池化处理的同时，将其结构并行输出，从而构成一个基于三种输入，且五类模型融合的跨语种语音情感识别框架。设计对比实验，实验结果不仅证明了多模型融合框架相较于单一网络模型在多语种语音情感识别的有效性，还能够通过对多语料、大语种的语音情感识别学习，实现在小语种、少语料上的迁移识别，因此可以证明多模型融合框架不仅可以有效提高语音情感识别精度，还可以实现跨语种的语音情感识别。但由于样本量不均和多模型的线性融合等可能会造成高兴和悲伤情感状态上的有效信息的缺失。因此，今后的研究将会考虑收集更多的语种情感语料，以进一步提高语音情感的识别结果。此外，在基于多输入的多类别模型融合框架中增加权重的学习也是值得进一步研究的方向。

第 7 章　总结与展望

7.1　本书工作总结

本书主要围绕语音情感识别系统组成中涉及的若干关键问题展开研究，包括三个方面的研究：带噪语音情感识别、语音情感特征优化和语音情感识别模型融合。首先，将语音降噪和特征降维方法相结合的方法应用于带噪语音情感识别；其次，提出将特征抽取和特征选择相融合得到 PCA-GRA 特征降维方法，并将其应用于两类数据库的语音情感识别；最后，为了研究跨语种语音情感识别，提出一种基于多输入的跨语种语音情感识别的多模型融合框架。主要研究成果及创新点归纳为以下三点。

第一，针对移动场景下噪声对语音情感识别的干扰问题，提出将语音降噪和特征降维相融合的 Chebyshev-PCA 方法应用于语音情感识别研究。考虑到实际场景语音的带噪性，对语音信号进行加噪处理。又考虑到噪音对语音情感识别效果的影响，将切比雪夫滤波器用于带噪语音的降噪处理，同时因为情感特征间的干扰问题对情感识别效果的消极作用，将 PCA 特征降维方法应用于降噪后的语音信号情感特征处理，从而形成 Chebyshev-PCA 特征处理方法。实验结果表明，Chebyshev-PCA 特征处理方法能够提取得到对带噪语音情感区分能力强的情感特征集。

第二，针对语音情感特征在情感识别中的干扰和冗余性问题，提出将特征抽取和特征选择相结合的 PCA-GRA 特征降维方法应用于情感识别。考虑到多维语音情感特征间的相互干扰作用以及不同类别情感特征间在情感识别方面的相互制约作用，将 PCA 特征抽取应用于情感特征降维来减弱特征间的干扰作业；同时考虑到情感特征与情感类别的关联性强弱以及情感特征集的维数累加对情感识别的影响，将 GRA 特征选择应用于情感特征降维来增强情感特征集的情感表征作用，从而形成 PCA-GRA 特征降维方法。实验结果表明，PCA-GRA 特征降维方法可以减少特征间的干扰并减弱特征维数累加对情感识别的影响。

第三，针对时域属性和频域属性特征以及情感分类网络在跨语种情感语音识别上存在的局限性，提出一种基于多输入的跨语种情感语音识别的多模型融合框架。考虑到情感特征在多语种情感识别的不确定性，将声学特征、MFCC 谱图和语谱图应用于多语种情感语音识别，验证了三个模型在多语种情感语音识别上的有效性；考虑到单一模型在多语种情感语音识别上的局限性，设计实验将三种模型融合，从而获得可以有效区分不同情感状态的完整情感信息；同时考虑到不同语种情感数据库对情感识别的影响，利用多模型融合在中文、英文和德语组成的情感语音上进行训练和学习，并在乌尔都语上进行迁移识别。实验结果表明，相比于传统的声学特征和单一特点的网络模型，基于多输入的多模型融合框架不仅可以有效区分多语种的情感差异，而且可以通过对大语种的学习实现在小语种语音情感识别上的迁移学习。

7.2 研究展望

语音情感识别领域的研究日益增多，但由于人类情感的复杂性和语音情感识别系统的多层次性，对于语音情感识别方面的研究有待得到进一步发展。本书虽然在总结经验的同时做了多方面的研究尝试，也取得了一些研究成果，但需要探索和改进的内容仍然很多，以下几方面有待进一步完善。

7.2.1 情感语音数据库的完善

现阶段研究人员使用的大部分数据库是仅有的几个公用情感语音库或者自己录制的数据库，导致语音情感研究成果的普适性得不到验证。而且大部分数据库是在实验室通过不同方式引导或者表演录制的情感语料，与实际生活中人类情感的自然表达存在一定的差距。因此，需要丰富完善情感语音数据库，为后续情感语音研究提供充足的、符合自然情感的语料信息。

7.2.2 关注对带噪语音的情感识别研究

本书中对带噪语音情感识别研究的训练样本仅依赖于柏林语音库和CASIA语料库中的三种共有情感的加噪语音，虽然在一定程度上可以表征带噪语音的特性，但是仍然与实际场景中的带噪语音有所差异，下一步考虑将Chebyshev-PCA特征处理方法应用于不同实际场景中的带噪语音情感识别。

7.2.3 将PCA-GRA特征降维方法应用于不同类的情感特征

本书将PCA-GRA特征降维方法用于柏林语音库和CASIA语料库中共有4种情感的韵律特征、共振峰特征和MFCC特征特征集，虽然实验结果证明了PCA-GRA特征降维方法在提高语音情感识别能力方面的优越性，但是鉴于目前情感语音数据库的多样性以及语音情感特征的不断丰富，PCA-GRA特征降维方法的鲁棒性仍需要在不同数据库中对不同类的语音情感特征进行验证。因此，下一步将采用PCA-GRA特征降维方法尽可能对不同数据库中的不同情感特征进行降维优化，观察此方法在语音情感识别方面的鲁棒性。

7.2.4 探究融合模型的各部分在语音情感识别中的权重

本书提出的基于多输入的跨语种语音情感识别的多模型融合框架虽然在语音情感识别中有一定的优化成效，但是在本章研究时，默认融合模型的各部分对语音情感识别的效果是相同的，而在以往各类理论的基础上，往往融合模型的各部分在情感识别中所起的作用有所差异，因此在基于多输入的多类别模型融合框架中，增加权重的学习也是值得进一步研究的方向。

参考文献

[1] Ooi C S, Srng K P, Ang L M, et al. A new approach of audio emotion recognition[J]. Expert Systems with Applications, 2014, 41 (13) : 5858-5869.

[2] Mencattini A, Martinelli E, Costantini G, et al. Speech emotion recognition using amplitude modulation parameters and a combined feature selection procedure[J]. Knowledge-Based Systems, 2014, 63 (3) : 68-81.

[3] Tao H, Liang R, Zha C, et al. Spectral features based on local Hu moments of gabor spectrograms for speech emotion recognition[J]. IEICE Transactions on Information & Systems, 2016, E99.D (8) : 2186-2189.

[4] Sun Y, Wen G, Wang J. Weighted spectral features based on local Hu moments for speech emotion recognition[J]. Biomedical Signal Processing & Control, 2015 (18) :80-90.

[5] Eyben F, Wollmer M, Schuller B. Opensmile: the munich versatile and fast open-source audio feature extractor[C]//Proc. of the 2010 ACM Multimedia. Firenze, 2010: 1459-1462.

[6] Petrushin V A. Emotion recognition in speech signal[C]//Proceedings of the 6th International Conference on Spoken Language Processing, Beijing,2000:222-225.

[7] Lanjewar R B, Mathurkar S, Patel N. Implementation and comparison of speech emotion recognition system using Gaussian Mixture Model (GMM)

and K- Nearest Neighbor （K-NN） techniques[J]. Procedia Computer science, 2015（49）:50-57.

[8] Huang C, Gong W, Fu W, et al. A research of speech emotion recognition based on deep belief network and SVM[J]. Mathematical Problems in Engineering, 2014（1）: 1-7.

[9] Motamed S, Setayeshi S, Rabiee A. Speech emotion recognition based on a modified brain emotional learning model[J]. Biologically Inspired Cognitive Architectures, 2017, 19:32-38.

[10] Sun Y, Wen G. Ensemble softmax regression model for speech emotion recognition[J]. Multimedia Tools & Applications, 2016, 76（6）:1-24.

[11] 陶华伟，张昕然，梁瑞宇等．面向语音情感识别的改进可辨别完全局部二值模式[J]. 声学学报，2016（6）:905-912.

[12] 韩文静，李海峰，韩纪庆．基于长短时特征融合的语音情感识别方法[J]. 清华大学学报：自然科学版，2008（S1）:98-104.

[13] 韩文静，李海峰，阮华斌等．语音情感识别研究进展综述[J]. 软件学报，2014, 25（1）:37-50.

[14] Gunes H, Pantic M, Ashour A S. Automatic, dimensional and continuous emotion recognition[J]. International Journal of Synthetic Emotions, 2010, 1(1): 68-99.

[15] Gunes H, Schuller B. Categorical and dimensional affect analysis in continuous input: Current trends and future directions [J]. Image & Vision Computing, 2013, 31（2）:120-136.

[16] 杨勇，张志瑜．基于PAD的个性化情感模型[J]. 重庆邮电大学学报（自然科学版），2012, 24（1）: 96-103.

[17] 李海芳，何海鹏，陈俊杰．性格、心情和情感的多层情感建模方法[J]. 计算机辅助设计与图形学学报，2011, 23（4）: 725-730.

[18] 郝耀军，王建国，赵青杉．个性OCC模型的学习支持技术的设计与实现[J]. 中国远程教育，2013,（3）: 26-31.

[19] 浦江．需求影响下多层次认知——情感交互机理[J]. 北京邮电大学学报，2014, 37（3）: 109-114.

[20] 王浩，张权益，方宝富，等．基于状态空间与概率空间映射的极大相似度匹配情感模型[J]. 模式识别与人工智能，2013, 26（6）: 552-560.

[21] 王小玲，梁晖，段云飞，等．基于进化神经网络的玩家情感定量建模方法[J]. 计算机应用，2011, 31（12）: 3318-3320.

[22] Lioyd E H, Hurst H E, Black R P, et al. Long-term storage: An experimental study[J]. Journal of the Royal Statistical Society, 1966, 129(4): 591-593.

[23] Grassberger P, Procaccia I. Characterization of strange attractors[J]. Physical Review Letters, 1983, 50(5): 346-349.

[24] Li H, He X, Tao D, et al. Joint medical image fusion, denoising and enhancement via discriminative low-rank spars edictionaries learning[J]. Pattern Recognition, 2018, 79: 130-146.

[25] Mowlaee P, Stahl J, Kulmer J. Iterative joint MAP single-channel speech enhancement given non-uniform phase prior[J].Speech Communication, 2017, 86: 85-96.

[26] Maly A, Mowlaee P. On the importance of harmonic phase modification for improved speech signal reconstruction[C]//IEEE International Conference on Acoustics, 2016: 584-588.

[27] 周伟力，贺前华，王亚楼等．基于自适应逼近残差的稀疏表示语音降噪方法[J]. 电子与信息学报，2017, 39（2）: 309-315.

[28] Xu Y, Du J, Dai L R, et al. A regression approach to speech enhancement based on deep neural networks[J]. IEEE/ACM Transactions on Audio Speech & Language Processing, 2015, 23（1）: 7-19.

[29] Zbancioc M D, Feraru M. Using the Lyapunov exponent from cepstral coefficients for automatic emotion recognition[C]//IEEE International Conference and Exposition on Electrical and Power Engineering, 2014:110-113.

[30] Wu A, Huang Y M, Zhang G B. Feature fusion methods for robust speech

emotion recognition based on deep belief networks[C]//the Fifth International Conference, 2016: 6-10.

[31] Xi Z, Guo J, Bie R. Deep learning based affective model for speech emotion recognition[C]//Ubiquitous Intelligence & Computing, Advanced & Trusted Computing, Scalable Computing & Communications, Cloud & Big Data Computing, Internet of People, & Smart World Congress, 2017:841-846.

[32] Zhang Y , Du J , Wang Z , et al. Attention based fully convolutional network for speech emotion recognition[J]. arXiv, 2018: 5-9.

[33] 张雪英，张婷，孙颖等．情感语音数据库优化及 PAD 情感模型量化标注 [J]. 太原理工大学学报，2017, 48（3）:469-474.

[34] 陈绍荣，刘郁林，王开等．基于切比雪夫Ⅰ型低通滤波器设计Ⅱ R 数字带通滤波器 [J]. 通信技术，2019, 52（1）:7-16.

[35] 王沛，欧阳传湘，陈宏生等．应用 PCA 和多元非线性回归快速预测储层敏感性 [J]. 断块油气田，2018, 25（2）:232-235.

[36] Burkhardt F, Paeschke A, Rolfes M, et al. A database of German emotional speech[C]// INTERSPEECH 2005 - Eurospeech, 9th European Conference on Speech Communication and Technology, Lisbon, Portugal, September. DBLP, 2005:1517-1520.

[37] 杨静雅，孙林夫．基于 QPSO-SVR 的售后配件库存需求预测 [J]. 计算机工程与设计，2015, 36（9）:2539-2543.

[38] 姜晓庆，夏克文，夏莘媛等．采用半定规划多核 SVM 的语音情感识别 [J]. 北京邮电大学学报，2015, 38（b06）:67-71.

[39] Nilofer S, Deshmukh R R, Waghmare V B. Comparative analysis of pitch and formant for recognizing emotions of isolated marathi speech[J]. International Journal of Computer Applications, 2016, 128(3):44-46.

[40] Lalitha S, Geyasruti D, Narayanan R, et al. Emotion detection using MFCC and cepstrum features[J]. Procedia Computer Science, 2015, 70(Complete): 29-35.

[41] 蒋海华，胡斌．基于 PCA 和 SVM 的普通话语音情感识别 [J]. 计算机科学，2015,42（11）:270–273.

[42] Koolagudi S G, Rao K S. Emotion recognition from speech: a review[J]. International Journal of Speech Technology, 2012, 15(2):99–117.

[43] Jing S, Xia M, Chen L. Prominence features: Effective emotional features for speech emotion recognition[J]. Digital Signal Processing, 2018, 72:216–231.

[44] 张磊，郑铁然．语音信号处理 [M]. 北京：清华大学出版社，2004.

[45] Chen L, Lin W, Ji B, et al. Analysis and prediction of the discharge features of the lithium-ion battery based on the Grey system theory[J]. Power Electronics Iet, 2015, 8（12）:2361–2369.

[46] 凌震华，高丽，戴礼荣．基于目标逼近特征和双向联想贮存器的情感语音基频转换 [J]. 天津大学学报（自然科学与工程技术版）,2015（8）: 670–674.

[47] 王进，蒋定立，邓欣，等．仿生学习的机器鱼运动模式分析 [J]. 重庆大学学报,2015（6）:138–146.

[48] Rao K S, Koolangud S G. Recognition of emotions from video using acoustic and facial features[J]. Signal Image and Video Processing,2015, 9（5）:1029–1045.

[49] Lee S M, Lee H J. How to express emotion: role of prosody and voice quality parameters[J]. Journal of The Korea Society of Computer and Information, 2014, 19（11）: 159–166.

[50] Wang K, An N, Li B, et al. Speech emotion recognition using fourier parameters[J]. IEEE Transactions on Affective Computing,2015,6(1): 69–75.

[51] 方源，章桐，陈霏霏等．电动车动力总成噪声品质粒子群—向量机预测模型 [J]. 西安交通大学学报,2016（1）: 41–46.

[52] 崔军辉，魏瑞轩，张小倩等．无人机搜索和跟踪的模糊认知控制器设计方法 [J]. 中南大学学报（自然科学版）,2015（9）:3279–3286.

[53] 冀树伟,杨喜旺,黄晋英等.基于特征复用的卷积神经网络模型压缩方法[J].计算机应用,2019,39(6):1607-1613.

[54] Raju V V, Ganganohan P, Gangashetty S V, et al. Application of prosody modification for speech recognition in different emotion conditions[C]// Region 10 Conference, 2017: 951-954.

[55] Kadiri S R, Yegnanarayana B. Epoch extraction from emotional speech using single frequency filtering approach[J].Speech Communication, 2017, 86: 52-63.

[56] 刘明珠,李晓琴,陈洪恒.基于支持向量机的语音情感识别算法研究[J].哈尔滨理工大学学报,2019(4):118-126.

[57] Bisio I, Delfino A, Lavagetto F, et al. Gender driven emotion recognition through speech signals for ambient intelligence applications[J].IEEE Transactions on Emerging Topics in Computing, 2013, 1(2):244-257.

[58] 李春磊,莫蓉,常智勇等.基于加工要求和制造网络稳定性评价的特征加工方法决策[J].上海交通大学学报,2015,49(11):1604-1611,1617.

[59] Lim W, Jang D, Lee T. Speech emotion recognition using convolutional and recurrent neural networks[C]//2016 AsiaPacific Signal and Information Processing Association Annual Summit and Conference,2016: 1-4.

[60] Meng H, Yan T, Yuan F, et al. Speech emotion recognition from 3D log-mel spectrograms with deep learning network[J]. IEEE Access, 2019: 125868-125881.

[61] 蒋丹宁,蔡莲红.基于语音声学特征的情感信息识别[J].清华大学学报(自然科学版), 2006, 46(1):86-89.

[62] Satt A, Rozenberg S, Hoory R. Efficient emotion recognition from speech using deep learning on spectrograms[J]. INTERSPEECH 2017 (8):1089-1093.

[63] Schmidi Katharina, Aumann Ines, Hollander Ines, et al. Applying the analytic hierarchy process in healthcare research: A systematic literature review and evaluation of reporting[J]. BMC Medical Informatics and Decision Making,2014（15）: 112.

[64] Picard R. Affective Computing[M]. Cambridge, USA, MIT Press, 1997.

[65] INANOGLU Z, CANEEL R. Emotive alert: HMM-based emotion detection in voicemail messages[C]// International Conference on Intelligent User Interfaces. ACM, 2005: 251-253.

[66] Batliner A, Fischer K, Huber R, et al. How to find trouble in communication[J]. Speech Communication, 2003, 40(1-2):117-143.

[67] Petrushin V A. Emotion recognition agents in real world[C]//AAAI Fall Symposium on Socially Intelligent Agents: Human in the Loop. North Falmouth, Massachusetts: The AAAI Press, 2000: 136-138.

[68] Luo Q. Speech emotion recognition in e-learning system by using general regression neural network[J]. Nature, 2014, 153(3888): 542-543.

[69] Moore E, Cilements M, Peifer J, et al. Investigating the role of glottal features in classifying clinical depression[C]//Engineering in Medicine and Biology Society, 2003. Proceedings of the, International Conference of the IEEE. IEEE, 2003, 3: 2849-2852.

[70] Fragopanagos N, Taylor J G. Emotion recognition in human-computer unteraction[J]. Neural Networks the Official Journal of the International Neural Network Society, 2005, 18（4）: 389.

[71] 赵力．语音信号处理[M].2 版．北京：机械工业出版社，2009.

[72] 张雪英．数字语音处理及 MATLAB 仿真[M].2 版．北京：电子工业出版社，2016.

[73] Thompson C, Mulpur A, Mehta V, et al. Transition to chaos in acoustically driven flows[J]. Journal of the Acoustical Society of America, 1991, 90（4）: 2097-2108.

[74] Van Bezooijen R, Otto S A, HEENAN T A. Recognition of vocal expressions of emotion: A three-nation study to identify universal characteristics[J]. Journal of Cross-Cultural Psychology, 1983, 14(4): 387-406.

[75] Tolkmitt F J, Scherer K R. Effect of experimentally induced stress on vocal parameters[J]. J Exp Psychol Hum Percept Perform, 1986, 12(3): 302-313.

[76] Cahn J E. The generation of affect in synthesized speech[J]. Journal of the American Voice I/O Society, 1990(8): 1-19.

[77] 史峰，王辉，郁磊等.MATLAB智能算法30个案例分析[M].北京：北京航空航天大学出版社,2013.

[78] 宋鹏，金赟，查诚等.基于稀疏特征迁移的语音情感识别[J].数据采集与处理,2016, 31(2): 325-330.

[79] 夏梅梅.模糊决策信息集成方式及测度研究[D].南京：东南大学,2012.

[80] 余华，章勤杰，赵力.语音情感识别算法中新型参数研究[J].电子器件，2017, 40(5): 1234-1237.

[81] 刘小弟，朱建军，刘思峰.犹豫模糊信息下的双向投影决策方法[J].系统工程理论与实践,2014,34(10):2367-2644.

[82] 葛涛，万昆，徐莉等.基于犹豫模糊三角函数的水利项目评价[J].技术经济,2014,33(9): 125-130.

[83] Atanassov K. Intuitionistic fuzzy logics as tools for evaluation of data mining processes[J]. Knowledge-based Systems,2015,80:122-130.

[84] Pérez-Espinosa H, Reyes-García C A, Villasenor-Pineda L. Acoustic feature selection and classification of emotions in speech using a 3D continuous emotion model[J]. Biomedical Signal Processing and Control,2012(7): 79-87.

[85] 周慧，杨鸿武，蔡莲红.基于SVR的情感语音变换[J].西北师范大学学报(自然科学版), 2009, 45(1):62-66.

[86] 徐俊,蔡莲红.面向情感转换的层次化韵律分析与建模[J].清华大学学报(自然科学版),2009(S1):1274-1277.

[87] 孙柏.基于非线性依赖关系分析的人民币汇率多元描述与预测[D].长沙:湖南大学,2014.

[88] Alonso J B, Diaz-De-Maria F, Travieso C M, et al. Using nonlinear features for voice disorder detection[C]// International Conference on Nonlinear Speech Processing. 2005: 94-106.

[89] Vaziri G, Almasganj F, Jenbi M S. On the fractal self-similarity of laryngeal pathologies detection: the estimation of hurst parameter[C]// International Conference on Information Technology and Applications in Biomedicine. New York: IEEE, 2008: 383-386.

[90] Ferrer M A, Travieso C M, GOSINO-LLORENTE J I. Characterization of healthy and pathological voice through measures based on nonlinear dynamics[J]. IEEE Transactions on Audio Speech & Language Processing, 2009, 17(6): 1186-1195.

[91] Vaziri G, Almasganj F, Behroozmand R. Pathological assessment of patients' speech signals using nonlinear dynamical analysis[J]. Computers in Biology & Medicine, 2010, 40(1): 54-63.

[92] Firooz S G, Almasganj F, Shekofteh Y. Improvement of automatic speech recognition systems via nonlinear dynamical features evaluated from the recurrence plot of speech signals[J]. Computers & Electrical Engineering, 2016(58): 215-226.

[93] 李响,谭南林,李国正等.一种应用语音多特征检测疲劳驾驶的方法[J].仪器仪表学报,2013, 34(10):2231-2237.

[94] 程静.基本情感生理信号的非线性特征提取研究[D].重庆:西南大学,2015.

[95] 姚慧,孙颖,张雪英.情感语音的非线性动力学特征[J].西安电子科技大学学报(自然科学版),2016, 43(5): 167-172.

[96] Xu L, Xu M, Yang D. Chinese emotional speech database for the detection of emotion variations[J]. Journal of Tsinghua University, 2009(S1): 1413-1418.

[97] Garrido J M, Laplaza Y, Marquina M, et al. The I3MEDIA speech database: a trilingual annotated corpus for the analysis and synthesis of emotional speech[C]//Lrec. 2012: 1197-1202.

[98] 唐闺臣，冯月芹，梁瑞宇等．面向语音情感识别的语谱特征提取算法研究[J]. 计算机工程与应用，2016, 52（21）:152-156.

[99] Ying W, Du S, Zhan Y. Adaptive and optimal classification of speech emotion recognition[C]// International Conference on Natural Computation. New York:IEEE, 2008: 407-411.

[100] Kuchibhotla S, Vankayalapati H D, Anne K R. An optimal two stage feature selection for speech emotion recognition using acoustic features[J]. International Journal of Speech Technology, 2016, 19(4): 1-11.

[101] Kerkeni L, Serrestou Y, Mbarki M, et al. Speech emotion recognition: recurrent neural networks compared to SVM and linear regression[C]// International Conference on Artificial Neural Networks. 2017: 451-453.

[102] 詹永照．视觉语音情感识别[M]. 北京：科学出版社，2013.

[103] Herrera F, Martinez L, Torra V, et al. Hesitant fuzzy sets: an emerging tool in decision making[J]. International Journal of Intelligent Systems,2014,29（6）: 493-494.

[104] Russakovsky O, Deng J, Su H, et al. ImageNet large scale visual recognition challenge[J]. International Journal of Computer Vision, 2015,115（3）: 211-252.

[105] 何淑琳．极限学习机在情感语音识别中的应用研究[D]. 太原：太原理工大学，2015.

[106] 姚慧.情感语音的非线性特征研究[D].太原：太原理工大学，2016.

[107] 赵力，黄程韦.实用语音情感识别中的若干关键技术[J].数据采集与处理，2014, 29(2):157-170.

[108] 李月升.在线情感语音识别系统的设计与实现[D].哈尔滨：黑龙江大学，2015.

[109] Miyamoto S. Fuzzy sets, multisets, and rough approximations[J]. Lecture Notes in Artificial Intelligence,2015(9376):11-14.

[110] Li X, Tao J, Johnson M T, et al. Stress and emotion classification using jitter and shimmer features[C]//IEEE International Conference on Acoustics, Speech and Signal Processing. New York: IEEE, 2007: 1081-1084.

[111] 王宏，潘金贵.基于共振峰增强的语音信号共振峰频率估计[J].计算机应用与软件，2008, 25(11):140-142.

[112] Chicote R B, Martínez F F, Lutfi S B L, et al. Acoustic emotion recognition using dynamic bayesian networks and multi-Space distributions[J]. Computer Methods & Programs in Biomedicine, 2009, 120(2): 77-87.

[113] Zeng N, Zhang H, Liu W, et al. A switching delayed PSO optimized extreme learning machine for short-term load forecasting[J]. Neurocomputing, 2017(240): 175-182.

[114] Powroznik P, Czerwinski D. Effectiveness comparison on an artificial neural networks to identify polish emotional speech[J]. Przeglad Elektrotechniczny, 2016, 1(7): 47-50.

[115] Han Z, Wang J. Speech emotion recognition based on wavelet transform and improved HMM[C]// Control & Decision Conference. New York:IEEE,2013: 3156-3159.

[116] Yun S, Y. Ooo C D. Loss-scaled large-margin gaussian mixture models for speech emotion classification[J].IEEE Transactions on Audio Speech & Language Processing,2011, 20(2): 585-598.

[117] Yang N, Muraleedharan R, Kohl J, et al. Speech-based emotion classification using multiclass SVM with hybrid kernel and thresholding fusion[C]//Spoken Language Technology Workshop. New York:IEEE, 2013: 455-460.

[118] 吕金虎 . 混沌时间序列分析及其应用 [M]. 武汉：武汉大学出版社，2002.

[119] Peramunetilleke D, Wong R K. Currency exchange rate forecasting from news headlines[C]// Proc. Australasian Database Conference. Au:School of Compute Science and Engineering University of New South Wales Sydney, 2002.

[120] Pai P F, Lin C S. A hybrid ARIMA and support vector machines model in stock price forecasting[J]. Omega, 2005, 33（6）: 497-505.

[121] Takens F. Detecting strange attractors in turbulence[J]. Lecture Notes in Mathematics Berlin Springer Verlag, 1981, (898): 366-381.

[122] Krajewski J, Schnieder S, Sommer D, et al. Applying multiple classifiers and non-linear dynamics features for detecting sleepiness from speech[J]. Neurocomputing, 2012, 84（3）:65-75.

[123] 张文博，姬红兵 . 融合极限学习机 [J]. 电子与信息学报 ,2013,35（11）:2728-2732.

[124] 赵贵兵，石炎福 . 从混沌时间序列同时计算关联维和 Kolmogorov 熵 [J]. 计算物理，1999, 16（3）: 310-315.

[125] Yang J C, Jiao Y B, Xiong N X. Fast face gender recognition by using local ternary pattern and extreme learning machine[J]. KSII Transactions on Internet and Information Systems,2013,7（7）: 1705-1720.

[126] 张文博 . 多类别智能分类器方法研究 [D]. 西安：西安电子科技大学，2014.

[127] 毛勇，周晓波，夏铮等 . 特征选择算法研究综述 [J]. 模式识别与人工智能，2007, 20（2）: 211-218.

[128] Pérez-Espinosa H, Reyes-García C A, Villaseñor-Pineda L. Acoustic feature selection and classification of emotions in speech using a 3D continuous emotion model[J]. Biomedical Signal Processing & Control, 2012, 7 (1) :79-87.

[129] Douglas-Cowie E, Cowie R, Schröder M. A new emotion database: considerations, sources and scope[C]// ISCA Workshop on Speech and Emotion. 2000:39-44.

[130] Guoth I, Chmulík M, Polacký J, et al. Two-dimensional cepstrum analysis approach in emotion recognition from speech[C]// International Conference on Telecommunications and Signal Processing. New York: IEEE, 2016: 335-339.

[131] Sun P H, Tao L M. Emotion measuring method in PAD emotional space[C]// Proc of the 4th Joint Conference on Harmonious Human Machine Environment. Kunming, China, 2008: 638-645.

[132] Wu C H, Hsia C C, Lee C H, et al. Hierarchical prosody conversion using regression-based clustering for emotional speech synthesis[J]. IEEE Transactions on Audio Speech & Language Processing, 2010, 18 (6) : 1394-1405.